組織結構、個體行為與企業績效：
靈動管理模式建構

張曉東 ◎ 著

內容提要

本書的主要內容與創新之處在於：

一是從知識與規則的角度分析組織結構。傳統的以規則管理為核心的組織結構與治理模式受到越來越多的挑戰，知識對組織結構的影響越來越大。本書從知識與規則兩個方面描述組織結構，根據組織中知識能力的大小以及規則密度的強弱對組織結構進行分類研究，並用動態分析理論構建知識與規則的組織結構模型。這對於深入分析組織結構具有一定的理論價值與現實意義。

二是從增值性與適應性兩個維度研究個體行為。一般對個體行為的研究從目標與動機入手，這種針對每個個體的研究太過細緻；而複雜性行為模型提供的個體行為系統太過繁冗，以至於實踐中難以操作；個體的職業行為分析模型則忽視了職業行為與非職業行為的聯繫。是故，本書對組織成員個體行為從增值性（反應對外部客戶價值的增加）與適應性（反應對組織成員自身價值和偏好的適應度）兩個維度進行分類研究，把個體行為分為價值因、偏好因、變革因與程式因四種行為。這種分類既包含了個體的職業行為，也包括了個體的非職業行為，同時也包括了個體動機。這對於研究個體行為來說具有創新性與現實操作性。

三是考察了組織結構、個體行為與企業績效的作用機理。首先，構建相關測度量表。通過對大量文獻的研究與企業實踐的精煉，在知識能力、規則密度、價值因行為、程式因行為、偏好因行為、變革因行為與企業績效7個方面使用焦點小組研究方法，在管理專家的參與下形成正式的測度量表。然后，探究組織結構對個體行為與企業績效的影響。在已有文獻與資料的基礎上構建結構模型，設計問卷和調查方案並組織實施，採用抽樣調查方法，使用聚類分析與判別分析展開實證研究，探究不同規則與知識分佈的組織結構對各種個體行為與企業績效的影響狀況。最后，明確知識與規則對個體行為與企業績效的影響。使用結構方程分析模型、檢驗假設，實證分析知識與規則對個體行為與企

業績效的影響程度，以及各種個體行為間的相關關係。

　　四是研究了靈動管理的策略、模式與經驗。知識能力日益成為企業能力的基礎。企業的規則管理程度逐漸變小，企業的行為方式、結構、習慣、程序、流程等規則越來越多地基於知識並由知識來驅動和支持。組織結構呈現出規模更小、更加扁平化、更加多樣化、更加靈活與個性化的發展趨勢。企業的邊界也將按照知識來重新定義與組織。隨著環境、知識的改變，企業的模式也隨之改變，權力和結構依附於知識而不是特定的人和資本，知識相對於資本的獨立性越來越強，更加以人為本，強調人的積極性、主動性和創造性。靈動管理的策略分為以下兩點：①組織結構創新特別是靈動管理模式的建立與應用策略。該策略研究如何圍繞企業目標建立以知識驅動規則的組織體系與管理模式，讓組織功能促進知識的產生與競爭，形成多樣、靈活、動態、競爭的組織結構。②在不同知識能力、規則密度、組織結構中個體行為的分析與優化策略。最后，本書進一步分析總結了靈動管理的幾種模式與實施經驗。

　　本書適合對智慧組織、知識經濟、互聯網經濟、管理創新等領域感興趣的企業管理者、政府部門人員、高等院校教師、研究機構工作者、碩博研究生閱讀參考。

序　言

　　隨著物聯網、大數據、雲計算等新一代信息技術的快速發展，企業的組織結構與個體行為也正發生著巨大的變化。知識經濟時代，企業環境變化更加劇烈、環境複雜性不斷提高。新的信息技術與物流技術使得組織能夠與更大範圍內的組織進行接觸與交換。隨著資本的大量累積，其稀缺性逐漸降低，資本不再成為競爭的主要壁壘，企業更多地尋求新知識帶來的利潤。隨著知識成為企業競爭的關鍵性稀缺資源，知識資本逐步取代貨幣資本居於企業組織結構的核心位置，成為主要的價值增長源與經營風險承載體，擁有了企業的剩餘索取權和剩餘控制權。企業知識存量較少時，通過統一的規則來進行管理，能夠在較低的管理成本上獲得較大收益；隨著企業知識的不斷擴張，標準化的規則很難支持大規模的知識形成與創新，規則管理的成本在增加，收益在減少。傳統的以規則管理為核心的組織結構與治理模式受到越來越多的挑戰，知識對組織結構的影響越來越大，因此從知識與規則兩個角度去分析組織結構具有一定的理論價值。

　　在傳統的組織結構中，企業的員工重複著大量無用勞動。很多問題早已發現，但常常等到企業面臨崩潰的時候組織成員才開始思考如何解決。為何員工會做著不喜歡做的或者無效率的事情而不去改變呢？為何員工很忙碌但企業績效低下？組織結構對於企業成員的個體行為有什麼樣的影響？明確知識與規則對個體行為與企業績效的影響及個體行為間的相關關係，探究不同知識與規則分佈下的組織結構、個體行為與企業績效的作用機理，是瞭解這些問題的關鍵所在。如何在企業內部和企業間對各種信息與知識進行全面、即時的分析處理，使組織內部進行快速、靈活的管理優化，充分調動和發揮員工的創造力與積極性，以適應外部環境的迅猛變遷，時刻保持組織的高效率和對客戶的優質服務並提升組織績效成為企業關注的重點。構建靈活機動、反應敏捷的靈動型組織是現代企業的目標，也是當前研究亟待解決的重要課題。

本書選題新穎，研究視角獨特，從知識與規則角度分析組織結構，從增值性與適應性兩個維度研究個體行為，具有較強的創新性。同時，實證分析了組織結構、個體行為與企業績效間的作用機理，創新性地提出了靈動管理模式，總結了靈動管理模式的策略、模式與經驗，對知識經濟時代與網絡經濟時代的智慧企業和智慧組織的建設有一定的指導意義。

張曉東

目　錄

1　緒論　／　1
    1.1　研究問題的意義　／　1
        1.1.1　知識與規則對組織結構有巨大影響　／　1
        1.1.2　個體行為需要有力的分析工具　／　2
        1.1.3　組織結構、個體行為與企業績效關係密切　／　2
        1.1.4　組織結構是規則管理與知識管理的平衡體　／　3
    1.2　目前國內外研究的現狀和趨勢　／　3
        1.2.1　對組織結構的研究　／　3
        1.2.2　對個體行為的研究　／　4
        1.2.3　組織結構與企業績效間關係的研究　／　5
        1.2.4　知識管理方面的研究　／　5
    1.3　研究目標與研究內容　／　6
        1.3.1　知識與規則視角的組織結構分析　／　6
        1.3.2　組織成員個體行為的分類研究　／　6
        1.3.3　組織結構對個體行為與企業績效影響的實證分析　／　7
        1.3.4　靈動管理模式的構建　／　9
    1.4　研究思路和研究方法　／　10
        1.4.1　研究思路　／　10
        1.4.2　研究方法　／　10

2　規則管理與組織變革　／　12
    2.1　規則概要　／　12

  2.1.1　規則的概念 / 12

  2.1.2　規則的作用 / 13

  2.1.3　規則制定存在的問題 / 14

2.2　規則管理 / 15

  2.2.1　規則管理定義 / 15

  2.2.2　規則管理過程 / 15

  2.2.3　規則管理成本與收益 / 18

  2.2.4　規則管理存在的問題 / 18

2.3　組織變革的定義與影響因素 / 20

  2.3.1　組織變革的定義 / 20

  2.3.2　組織變革的影響因素 / 22

2.4　組織變革的類型與性質 / 25

  2.4.1　組織變革的類型 / 25

  2.4.2　組織變革的性質 / 26

2.5　組織變革模型 / 27

  2.5.1　Lewin 組織變革模型 / 27

  2.5.2　Kast 系統變革模型 / 28

  2.5.3　Leavitt 變革模型 / 29

  2.5.4　Bass，Bennis 效能導向變革觀點 / 29

  2.5.5　Schein 適應循環變革模型 / 30

  2.5.6　Kotter 變革模型 / 30

  2.5.7　多維視角的組織變革空間次序模型 / 31

  2.5.8　基於組織認知的變革模型 / 32

  2.5.9　整合的系統變革模型 / 34

3　知識管理 / 36

3.1　知識的定義 / 36

3.2　知識管理研究視角 / 37

  3.2.1　對象視角 / 38

  3.2.2　方法視角 / 42

3.3 知識管理模型 / 42
    3.3.1 知識分類模型 / 43
    3.3.2 知識來源模型 / 45
    3.3.3 智力資本模型 / 45
    3.3.4 知識管理過程模型 / 46
    3.3.5 知識管理實施模型 / 46
    3.3.6 知識管理績效模型 / 47
    3.3.7 靈動管理 / 50
3.4 知識管理評價、綜合模型與未來趨勢 / 52

4 知識與規則視角的組織結構 / 56
4.1 組織結構的概念與維度 / 56
    4.1.1 組織結構的概念 / 56
    4.1.2 組織結構的維度 / 57
4.2 組織結構理論的發展 / 57
    4.2.1 古典組織結構理論 / 57
    4.2.2 新古典組織結構理論 / 59
    4.2.3 現代組織結構理論 / 59
4.3 組織結構模式 / 62
4.4 知識在組織中的變化 / 64
    4.4.1 科學管理之前——知識集中於員工 / 65
    4.4.2 科學管理階段——知識集中於管理層 / 65
    4.4.3 知識經濟時代——知識向員工迴歸 / 65
4.5 知識與規則視角的組織結構分析 / 65
    4.5.1 知識與知識能力 / 66
    4.5.2 知識與規則在組織中的作用 / 67
    4.5.3 知識與規則視角的組織結構 / 68

5 個體行為分類 / 71
5.1 個體行為概要 / 71
5.2 個體行為研究模型 / 72

5.2.1 個體行為一般結構模型 / 72

5.2.2 個體行為影響因素模型 / 72

5.2.3 個體行為複雜系統模型 / 73

5.3 個體行為分類研究 / 74

6 組織結構對個體行為與企業績效的影響模型構建與研究設計 / 78

6.1 組織績效 / 78

6.1.1 組織績效研究的兩大範式 / 78

6.1.2 組織績效研究的三種模式 / 79

6.2 平衡計分卡 / 81

6.3 組織結構對個體行為與企業績效的影響模型 / 82

6.3.1 知識與規則對個體行為的影響 / 82

6.3.2 提出假設 / 83

6.3.3 理論模型的建立 / 85

6.4 量表開發 / 87

6.4.1 量表形成 / 87

6.4.2 問卷預測試與量表修正 / 90

6.4.3 量表的因子分析 / 93

6.5 正式抽樣與統計描述 / 102

7 組織結構對個體行為與企業績效的影響模型實證分析 / 104

7.1 知識與規則對個體行為與企業績效的影響模型分析 / 104

7.2 個體行為間的相關性分析 / 111

7.3 假設的實證檢驗 / 114

7.4 組織結構對個體行為與企業績效的影響模型分析 / 116

8 研究啟示與靈動管理的提出 / 122

8.1 企業環境的巨大變化 / 122

8.1.1 競爭更加激烈 / 122

8.1.2 集中核心知識與供應商協作 / 122

8.1.3 客戶與市場需求變化 / 123

8.1.4 組織成員個體需求的變化 / 123

　　　　8.1.5　組織管理基礎的變化 / 123

　8.2　研究結論的啟示與管理結構的改變 / 125

　　　　8.2.1　權力結構：由集權到分權 / 126

　　　　8.2.2　層級結構：由金字塔到扁平化 / 126

　　　　8.2.3　職能結構：由實體型到虛擬化 / 126

　　　　8.2.4　資源結構：以物為中心到以人為中心 / 127

　8.3　靈動管理的內涵與宗旨 / 127

　　　　8.3.1　靈動管理內涵 / 127

　　　　8.3.2　靈動管理宗旨 / 128

　8.4　靈動管理與傳統管理的區別 / 128

　8.5　規則靈動化 / 131

　　　　8.5.1　規則分析 / 131

　　　　8.5.2　規則靈動化 / 132

　8.6　個體行為分析與優化 / 135

　　　　8.6.1　個體行為分析 / 135

　　　　8.6.2　個體行為優化 / 135

　8.7　企業資源平臺化 / 137

　8.8　靈動組織結構的建立 / 139

9　靈動管理的模式與經驗 / 140

　9.1　靈動管理的幾種模式 / 140

　　　　9.1.1　體驗互動模式——美邦、優衣庫 / 140

　　　　9.1.2　定制預購模式——紅領、茵曼 / 141

　　　　9.1.3　聯盟合作模式——格蘭仕、奧馬 / 143

　　　　9.1.4　平臺支撐模式——海爾、美的 / 143

　　　　9.1.5　UDP 模式——愛定客 / 144

　9.2　靈動管理模式的成功因素 / 146

　　　　9.2.1　高黏著的消費群體 / 146

　　　　9.2.2　可持續的商業模式 / 146

　　　　9.2.3　柔性化的生產技術 / 146

		9.2.4 數字化的經營管理 / 146

		9.2.5 高效的產業鏈整合 / 147

	9.3 靈動管理的行業特性 / 148

		9.3.1 需求個性化強 / 148

		9.3.2 體驗服務要求高 / 148

		9.3.3 行業競爭激烈 / 148

		9.3.4 傳統管理成本高 / 148

	9.4 靈動管理的推進方式 / 149

		9.4.1 轉變經營理念 / 149

		9.4.2 創新盈利模式 / 149

		9.4.3 實施資源整合 / 149

		9.4.4 優化生產組織 / 150

		9.4.5 強化客戶服務 / 150

	9.5 靈動管理的幾點經驗 / 150

		9.5.1 妥善處理各類資源提供者的關係 / 150

		9.5.2 嚴格管理支付運作流程 / 151

		9.5.3 大力發展智慧物流配送 / 151

		9.5.4 積極營造誠信經營文化 / 151

10 研究成果與學術貢獻 / 153

	10.1 成果與結論 / 153

		10.1.1 知識與規則視角的組織結構分析 / 153

		10.1.2 增值性與適應性兩個維度的個體行為研究 / 154

		10.1.3 組織結構對個體行為與企業績效的影響分析 / 155

		10.1.4 靈動管理模式的建立 / 156

	10.2 本研究的學術貢獻 / 157

	10.3 本研究的不足 / 160

	10.4 后續研究方向 / 160

參考文獻 / 161

附錄 / 176

1 緒論

1.1 研究問題的意義

當前企業的經營環境發生了巨大的變化。資本的大量累積使其稀缺性逐漸降低，資本不再成為競爭的主要壁壘，企業更多尋求新知識帶來的利潤。企業環境中的組織實體，如競爭者、客戶和供應商的數目增加且迅速變化，使得組織環境複雜性不斷提高。新的信息技術與物流技術使得組織能夠與更大範圍的環境進行接觸與交換。激烈的競爭使組織的外部環境變化更加劇烈，諸如企業間的合作、客戶需求的改變等事件的變化速度顯著提高。隨著知識成為企業競爭的關鍵性稀缺資源，知識資本逐步取代貨幣資本居於企業組織結構的核心位置，成為主要的價值增長源與經營風險承載體，擁有了企業的剩餘索取權和剩餘控製權。

如何對企業內部和企業間的各種信息與知識進行全面、即時地把握和分析處理，使組織內部進行快速、靈活的管理優化，充分調動和發揮員工的創造力與積極性，以適應外部環境的迅猛變遷，時刻保持組織的高效率和對客戶的優質服務並提升組織績效是企業關注的重點。成為靈活機動、反應敏捷的靈動型組織是現代企業夢寐以求的。

本書從知識與規則的角度分析企業的組織結構，研究不同組織結構如何影響組織成員的個體行為以及企業績效，在此基礎上提出以知識驅動規則的靈動管理思想及其構建與實施的方法。這對於增強企業競爭力，提升企業績效有現實意義，具體價值表現為以下幾個方面：

1.1.1 知識與規則對組織結構有巨大影響

企業知識存量較少時，通過統一的規則來進行管理，能夠在較低的管理成

本上獲得較大收益；隨著企業知識的不斷擴張，標準化的規則很難支持大規模的知識形成與創新，規則管理的成本在增加，收益在減少，而知識管理的成本和收益正相反。傳統的以規則管理為核心的組織結構與治理模式受到越來越多的挑戰，知識對組織結構的影響越來越大，通過知識與規則兩個角度去分析組織結構具有重要的理論價值與現實意義。

1.1.2 個體行為需要有力的分析工具

組織嚴格劃分作業與決策，過分依靠管理者的智慧，使得企業行動緩慢，對於組織早已存在與發現的問題，不能及時解決。很多成員為不喜歡和無效率的事而忙碌，但企業收益甚微。現在的組織，不僅是生產的方式，也是組織成員生活與存在的方式，不僅要生產產品獲得報酬，也代表了成員的理想與價值、尊嚴與意義。企業通過對個體行為按照增值性與適應性進行分類管理，可以優化個體行為，提升效率並對企業的組織與管理模式產生及時的反饋。

從目前的研究來看，個體職業行為是現有個體行為理論主要的研究對象，具體包括：個體職業行為動力、個體職業行為動機與群體職業行為動力。進一步的研究中以「複雜人」假設為基礎，分析了個體在組織中不同需求的職業行為，研究細緻而深入。但仍然存在的問題是，沒有關注個體職業行為與非職業行為間的聯繫，忽視個體對組織的需要與個體其他需要之間的關係，缺乏對個體行為的系統化思考。實際上個體職業行為與非職業行為密不可分，同時個體在不同時期的行為也相互關聯，它們共同形成一個複雜的行為系統。

現有的個體行為理論與研究範式必須有新的突破，不能拘泥於局部的、瑣碎的研究，而要從整體的系統觀來研究個體的行為、特徵及行為間的相互關係。對組織成員個體行為從增值性與適應性兩個維度進行分類研究，對於分析個體行為、指導企業決策既具有很強的理論性和創新性，又具有較強的現實操作性。

1.1.3 組織結構、個體行為與企業績效關係密切

個體行為是組織行為最恰當的研究對象，是影響企業績效的關鍵因素。目前在這方面的系統研究還比較少。本書通過個體行為這個中間變量來考察組織結構對企業績效的影響，分析組織結構對個體行為的作用以及個體行為對企業績效的影響程度。這對於指導組織結構調整，分析與優化個體行為，提升企業績效具有重要意義。

1.1.4 組織結構是規則管理與知識管理的平衡體

傳統的規則管理與知識管理有各自的優勢與劣勢，知識與規則視角下的組織結構正是這兩種力量的平衡。靈動組織結構是動態調整的，並能夠積極反應與吸收規則管理與知識管理的綜合優勢。靈動模式的建立不僅能使企業獲得巨大的競爭力，也會使企業獲得巨大的制度優勢。當其他企業還在繁雜規則的羈絆下劃一行走，靈動企業自由馳騁，員工的靈活性與自由度使組織獲得巨大的凝聚力與創造力，並促進資源及時、靈活的優化配置。建立知識驅動規則的靈動管理模式，對於提升企業創新能力，提高企業業績有普遍的實用性與可操作性。

1.2 目前國內外研究的現狀和趨勢

1.2.1 對組織結構的研究

關於組織結構，之前眾多研究者對人員比例、自治度、權力分配、授權、協調機制、規範化、專門化、標準化、差異化、複雜性、控製跨度、垂直幅度等組織維度進行了深入分析。C. K. Prahalad，Gary Hamel[1] 認為能夠使一個組織比其他組織更好的特殊物質稱為獨特競爭力。這種核心競爭力是組織結構發展的重要推力，企業應該集中精力發展其核心的業務活動，圍繞核心競爭力來建設企業的組織結構。R. Coase[2] 認為如果企業制度節約的交易費用比增加的組織費用更大，那麼企業機制比市場機制更有效。交易成本與組織成本之和的總成本最小化，決定了企業組織結構的合理化與組織規模的適當大小。在新技術的支持下，組織能夠迅速變革，新的組織結構帶來了成本的降低。諸多學者發展和深化了科斯的企業理論。Chandler[3] 認為企業戰略能否得到有效執行，完全取決於企業的組織結構，並得出了戰略決定結構，結構必須追隨戰略的結論。一些研究把企業看作是一個團隊或者是一種委託代理關係。張維迎[4] 將企

---

[1] Hamel, Gary, Prahalad, C. K. Competing for the future [M]. Boston: Harvard Business School Press, 1994: 243-251.

[2] Coase, R. H. The nature of the firm [J]. Economica, 1937, 4 (4): 386-405.

[3] Chandler, Alfred D. Strategy and structure: chapters in the history of the American industrial enterprise [M]. Cambridge: MIT Press, 1962: 97-102.

[4] 張維迎. 企業的企業家——契約理論 [M]. 上海：上海人民出版社，1995.

業家理論與契約理論結合起來分析企業制度。

組織結構的知識理論把知識作為影響組織結構、性質與邊界的決定性因素。Demsetz[①]認為生產過程是對不同知識及具備這些知識的專家的協調。知識的獲得比知識的使用更加困難，不可流動的意會知識和極易被競爭對手購買的顯性知識是市場無法解決的關鍵問題，市場不具備對這類知識的調整能力，只有企業才能完成。Kogut，Zander[②]認為組織成員個體具備知識，組織的管理規則中也存儲著知識，組織形成了一個傳送和創造知識的機制。在傳遞與共享個人或群體知識方面，企業的表現比市場更突出。羅伯特（Robert）[③]研究了知識的整合過程，把企業看作一個知識整合的機構，能夠把整個組織中不同個體成員的知識整合起來。在他看來，創造知識的功能並不重要，應用知識才是企業的核心功能。Liebeskind[④]強調知識在受保護和不被盜用方面，企業比市場更強大。他把這種知識保護能力看作企業在戰略層面的核心能力。Tsoukas[⑤]認為企業是一個傳播知識的系統。程德俊，陶向南[⑥]認為知識分佈影響企業組織結構，知識管理客觀上要求組織結構作出變革。從以上研究的脈絡中可以看出，組織結構同時受到既有規則與知識變化的雙重影響。在規則管理與知識管理的雙重影響下，從知識與規則角度分析組織結構具有重要理論意義。

1.2.2 對個體行為的研究

李永鑫，趙劍[⑦]提出用進化的觀點研究組織行為。楊家駿[⑧]認為外部環境劇烈變化，一方面動搖了傳統組織設計重視嚴格分工的原則和方法，另一方面也全面更新了組織發展的價值標準和價值取向，要求組織確立新的效益觀和新

[①] H. Demsetz. The theory of the firm revisited [C] //O. E. Williamson, S. G. Winter. The Nature of the Firm. Oxford: Oxford University Press, 1991: 211–213.

[②] Kogut, B., Zander, U. What firms do coordination, identity and learning [J]. Organization Science, 1996, 7 (5): 502–518.

[③] Grant, Robert M. Toward a knowledge-based theory of the firm [M]. Strategic Management, 1996 (17): 109–122.

[④] Liebeskind, J. P. Knowledge, strategy, and the theory of the firm [M]. Strategic Management, 1996 (17): 93–107.

[⑤] Tsoukas, H. The firm as a distributed knowledge system: A constructionist approach [J]. Strategic Management, 1996, 17: 11–25.

[⑥] 程德俊，陶向南. 知識的分佈與組織結構的變革 [J]. 南開管理評論, 2001 (3): 28–32.

[⑦] 李永鑫，趙劍. 進化：組織行為學研究的新視角 [J]. 華東師範大學學報：教育科學版, 2009 (1): 56–62.

[⑧] 楊家駿. 組織行為面臨的挑戰及組織行為研究趨勢 [J]. 上海大學學報：社會科學版, 2010 (4): 95–102.

的生態觀。同時，組織中的人也出現了工作價值觀多元化、結構差異化、工作任務和工作性質多樣化的變化趨勢，要求組織能夠以保證工作者穩定性的方式對這種變化做出反應。而信息技術的廣泛應用，正在改變並將進一步改變組織的管理技術和活動過程，推動了組織從構築明確剛性的組織邊界轉變為無邊界管理或滲透邊界管理，從而引發了組織行為研究從立場到對象乃至方法的一系列轉變。晏鷹，宋妍[1]用「認知—行為」框架來分析具體情境下的個體行為，將個體行為劃分為「規則支配行為」和「目標驅動行為」兩類，消除了新舊制度主義在個體行為驅動上的分歧。前面的研究提出了很多新的觀點與方法，但對於個體行為詳細的、可操作的分類與研究還未完成。

1.2.3 組織結構與企業績效間關係的研究

劉海建等[2]研究了組織結構慣性、戰略變革與企業績效的關係。李憶，司有和[3]用環境作中間變量分析了組織結構、創新與企業績效的關係。楊水利等[4]分析了組織學習動態能力與企業績效之間的關係。王鐵男等[5]對組織學習、戰略柔性和企業績效進行了實證研究。而在組織結構、組織成員個體行為、企業績效三者之間如何建立聯繫的橋樑，是眾多學者的興趣所在。

1.2.4 知識管理方面的研究

知識對於企業組織結構的影響愈來愈重要，目前知識管理的大部分研究把知識作為管理的對象，認為知識管理是對知識進行管理。建立知識管理模型是主要的研究範式，國內外學者建立了很多有價值的知識管理模型，最近的國內外研究的重點集中在實證研究：建立測度量表，收集數據，對模型進行檢驗與修正，驗證及分析各要素之間的聯繫。知識管理當前的研究更多的側重於在固定的模式內加強對知識的應用與創新。Andreas Riege，Michael Zulpo[6] 實證研

---

[1] 晏鷹，宋妍. 制度經濟學視野中的個體行為驅動 [J]. 社會科學輯刊，2010 (1)：70-72.
[2] 劉海建，周小虎，龍靜. 組織結構慣性、戰略變革與企業績效的關係：基於動態演化視角的實證研究 [J]. 管理評論，2009 (11)：92-100.
[3] 李憶，司有和. 知識管理戰略、組織能力與績效的關係實證研究 [J]. 南開管理評論，2009 (6)：69-76.
[4] 楊水利，李韜奮，黨興華，單欣. 組織學習動態能力與企業績效之間關係的實證研究 [J]. 運籌與管理，2009 (02)：155-161.
[5] 王鐵男，陳濤，賈鎔霞. 戰略柔性對企業績效影響的實證研究 [J]. 管理學報，2011，8 (3)：388-395.
[6] Andreas Riege, Michael Zulpo. Knowledge transfer process cycle: between factory floor and middle management [J]. Australian Journal of Management, 2007 (12): 293-314.

究了某企業從工廠車間到中層管理的知識轉移循環，展示了通過知識來修正（管理模式）規則、提高效率的過程，提出一種用知識來進行管理的方法。目前的研究還沒有關注知識、組織結構與組織行為間動態的相互作用。知識對組織行為、組織結構和管理模式的影響研究亟待突破。

1.3 研究目標與研究內容

1.3.1 知識與規則視角的組織結構分析

企業的組織結構是組織成員相互合作生產的方式，同時也是企業資源和權力分配的載體。從資本的累積到資本的擴大，從知識能力的弱小到強大，企業對成員工作能力的要求在改變，組織的資源與權力在不斷調整與重新分配，企業的規章制度也不斷發生變化，企業的組織結構正經歷著深刻的變革。在所有知識中隱形知識是最難於共享與傳輸的，如何在生產與服務過程中整合這些來自不同個體成員的知識就變得相當重要，企業成為一種不同於市場的獨特的知識整合機制。企業組織是否有效的衡量標準主要是在傳輸、共享和交流知識方面。同時，企業能否使用規則、慣例或其他機制，以最小的成本完成任務，而不僅僅是簡單的降低交易費用也是衡量標準之一。企業通過知識與規則來進行管理，組織結構是知識管理與規則管理的融合體。從知識與規則的角度分析組織模式的演變，更接近組織結構的本質。這一部分採用文獻研究與對比研究梳理組織結構的發展脈絡，採用動態經濟理論建立知識與規則對組織結構的影響模型來分析組織結構演進。

1.3.2 組織成員個體行為的分類研究

Harvey Leeibenstein[①]認為，新古典模型中關於廠商的理性人假定存在問題。廠商本來無所謂理性。廠商作為一個組織，是由個人組成的，只有個人理性集合成的集體理性，才稱得上是組織理性。個體行為是恰當的研究單位。個體是指組織內部的個體。它可以是一個員工，也可以是部門，或者其中一個更小的組織。這一階段研究中，對組織成員個體行為從增值性（反應個體行為對外部客戶價值的增加程度）與適應性（反應個體行為對組織成員自身價值

---

① Harvey Leeibenstein. Property rights and x-efficiency: comment [J]. American Economic Review, 1983, 83: 831-842.

和偏好的適應程度）兩個維度可以劃分為四個種類（如圖 1-1）：

（1）價值因行為：是企業或個人創造價值的主要活動。這種活動適應所處企業的環境、適應組織成員自身價值與偏好。通過已有的知識和適應性改進、完成增值活動，具有較強的適應性與增值性，如 Michael E. Porter[①] 提出的價值鏈，把企業內外價值增加的活動分為基本活動和支持性活動。基本活動涉及企業生產、銷售、進料後勤、發貨後勤、售後服務，支持性活動涉及人事、財務、計劃、研究與開發、採購等，這些活動屬於價值因行為。

（2）程式因行為：該活動對組織成員自身價值與偏好的適應性較弱，增值性亦較弱，大多是程序性的活動，比如組織內部的各種手續辦理、層層的匯總、審批、報告等活動。這種行為一般是為了應對組織規則，規則改變後個體就失去進行該行為的動力，程式因行為便難以持續存在。

（3）偏好因行為：該活動主要為了滿足個體自身的偏好，增值性較弱，比如員工的愛好、性格、專長、喜歡的文化與工作等。很好地利用偏好因行為能極大地提高個體的積極性，如提供各種員工喜好的工作方式、活動、和業務無關的培訓與學習等。偏好因行為能反應出真正的企業文化，它是個體自覺、自發、偏好的行為方式，具有很好的適應性與獨立存續性。

（4）變革因行為：個體對所處企業環境有兩種反應，一是適應，二是變革。變革因行為是不能適應或不滿足於現狀而實施的行動，往往具有很強的增值性，同時伴隨著較大的風險。

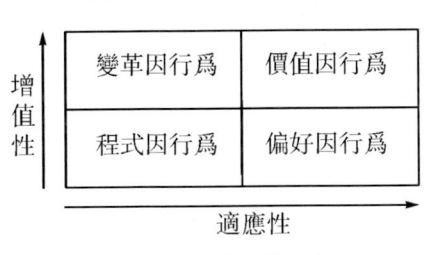

增值性	變革因行為	價值因行為
	程式因行為	偏好因行為

適應性

圖 1-1　個體行為分類

這部分研究採用文獻分析法，使用組織行為理論分析個體行為，對個體行為進行了分類與詳細描述，論述了各種個體行為的存在情況與識別方法，以及個體行為間的相互關係。

1.3.3　組織結構對個體行為與企業績效影響的實證分析

（1）知識與規則對個體行為與企業績效的影響及個體行為間的關係分析

[①] 邁克爾·波特. 競爭戰略 [M]. 北京：華夏出版社，2005：280-283.

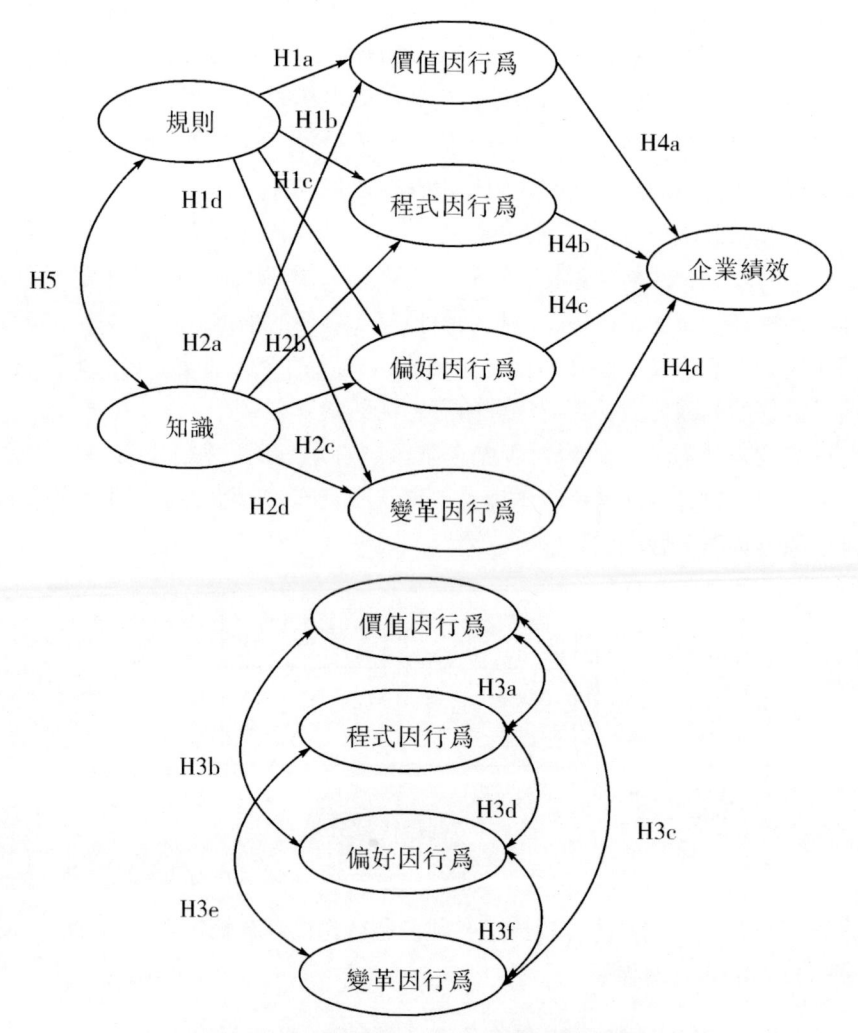

组织成员个体行为 B 受到规则 R 与知识 K 的影响，$B=f(K, R)$，组织正是提供这些规则与知识来支持行为的效率。企业规则与知识通过影响个体行为而产生企业绩效。本书在已有文献与资料的基础上构建结构模型，设计量表和调查方案并组织实施，採用一些典型企业和员工的调查数据，使用结构方程分析模型，研究知识与规则对个体行为与企业绩效的影响，以及个体行为之间的相互关系（如图1-2）。

图1-2 知识与规则对行为影响的實證模型

（2）不同知识与规则分佈下的组织结构对个体行为与企业绩效的影响

首先採用聚类分析从知识能力与规则密度这两个维度把採集的样本按组织结构划分为四类：关系型组织（规则密度小，知识能力低）、集权型组织（规

則密度大，知識能力低）、分權型組織（規則密度大，知識能力高）和靈動型組織（規則密度小，知識能力高）；然后對組織結構與四種個體行為展開相關性的判別分析，明確組織結構對各種行為的影響；最后對組織結構與企業績效進行相關性的判別分析，明確組織結構對企業績效的影響（如圖1-3）。

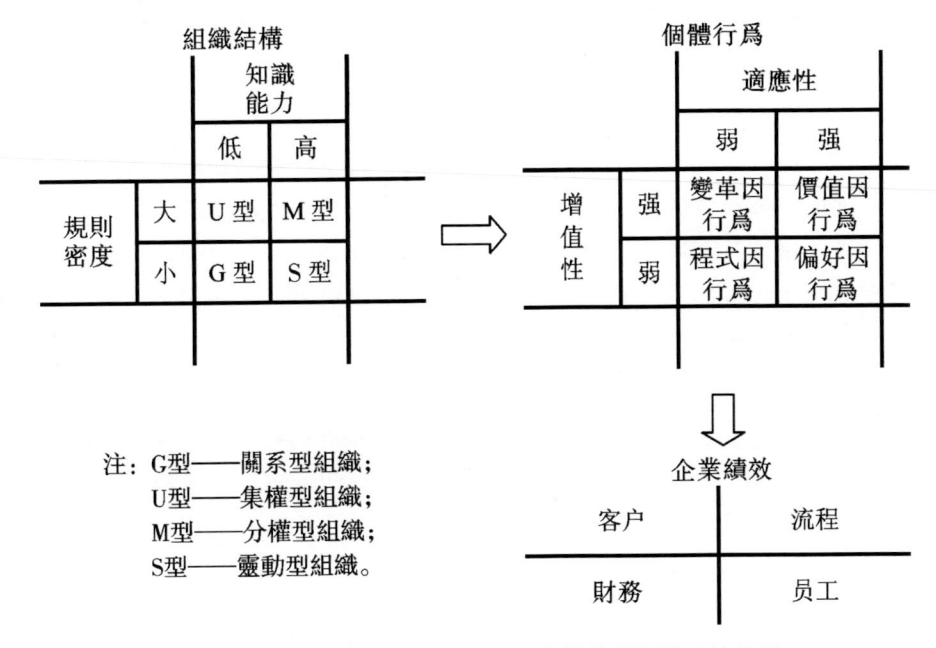

組織結構

規則密度	知識能力 低	知識能力 高
大	U型	M型
小	G型	S型

個體行為

增值性	適應性 弱	適應性 強
強	變革因行為	價值因行為
弱	程式因行為	偏好因行為

企業績效

客戶	流程
財務	員工

注：G型——關系型組織；
U型——集權型組織；
M型——分權型組織；
S型——靈動型組織。

圖1-3　組織結構對個體行為與企業績效影響的理論模型

1.3.4　靈動管理模式的構建

　　知識能力日益成為企業能力的基礎，企業的規則管理程度變小，企業的行為方式、結構、習慣、程序、流程等規則越來越多是基於知識並由知識來驅動和支持。組織結構呈現出規模更小、更加扁平化、更加多樣化、更加靈活與個性化的特點。企業的邊界也將按照知識來重新定義與組織。隨著環境、知識的改變，企業的模式也隨之改變，權力和結構依附於知識而不是特定的人和資本。知識相對於資本的獨立性愈強，更加以人為本，強調人的積極性、主動性和創造性。

　　以往的重組與變革，革新后形成新的規則，伴隨著另一種人和物的固化，隨著發展又要打破，不斷進行重組，經歷打破—建立—固化—過時，這樣一種模式。這個過程中，新思想取代舊思想，新流程取代舊流程，新組織結構取代舊組織結構。企業必然要經歷一個動盪、混亂、革新陣痛甚至失敗的過程，成本代價很高。

在這樣的情況下，急需構建新的管理模式。

(1) 靈動管理思想的提出

隨著組織成員的知識增多與決策能力增強，成員內外部交流頻繁與文化多樣化發展，每個成員具備了較強的對信息和知識的存儲分析能力。如何把這些能力集成起來，是現代組織必須面對的問題。知識與信息的獲得，不能僅靠管理層，還必須讓全體成員，組織從單點考察、學習，變成系統學習，單一思維與目標變為多元思考與系統化目標。靈動管理要求圍繞目標建立以知識驅動規則的組織體系與管理模式，把變化設定為常態。組織功能是促進知識的產生與競爭，管理層轉變為輔助層，支持組織成員實現目標，此時企業內部不應是單一的結構，而是多樣的、靈活的、動態的、可選擇的、競爭的組織結構。這部分的重點是在前面研究工作的基礎上優化提高企業績效的組織個體行為，通過比較研究與規範研究建立系統的靈動管理思想。

(2) 靈動管理模式的建立與應用

根據靈動管理思想建立具備可操作性的靈動管理模式，提出靈動管理模式的構建方法與管理體系，為更多企業提供建議與決策參考，發揮其應用價值。

1.4 研究思路和研究方法

1.4.1 研究思路

(1) 從知識與規則的角度重新認識組織結構，深入研究組織結構演變的原因與機理。

(2) 從價值型與適應性兩個方面對組織行為進行合理的分類，研究不同類別個體行為特點及組織結構與個體行為之間的相互作用。

(3) 用結構方程、聚類分析、判別分析等方法實證研究組織結構、個體行為與企業績效三者之間的關係，定量分析其中各要素間的相互作用程度。

(4) 結合研究成果，建立系統的知識驅動規則的靈動管理模式與應用體系。

1.4.2 研究方法

本書主要採用了理論研究與實證分析相結合、多種學科相融合的綜合性研究方法，不僅包括問卷調查、企業訪談、經濟計量等傳統的定性和定量研究方法，同時也運用了結構方程、聚類分析、判別分析、動態經濟分析、組織行為

學等經濟管理科學高級分析方法及社會科學的前沿理論。從系統學角度出發，研究內容從過程上涵蓋了理論研究、模型建立、實證分析和方法應用等階段。通過對這些研究內容的有機融合，形成一個系統、完整的靈動管理理論與實際應用體系。

在研究成果上，既包括基於先進研究方法所得出的創新性理論模型，也包括切實可行、針對性強的創新性管理思想與方法。與現有的研究成果相比，該研究顯示出較強的理論創新性和較好的應用效果（如圖1-4）。

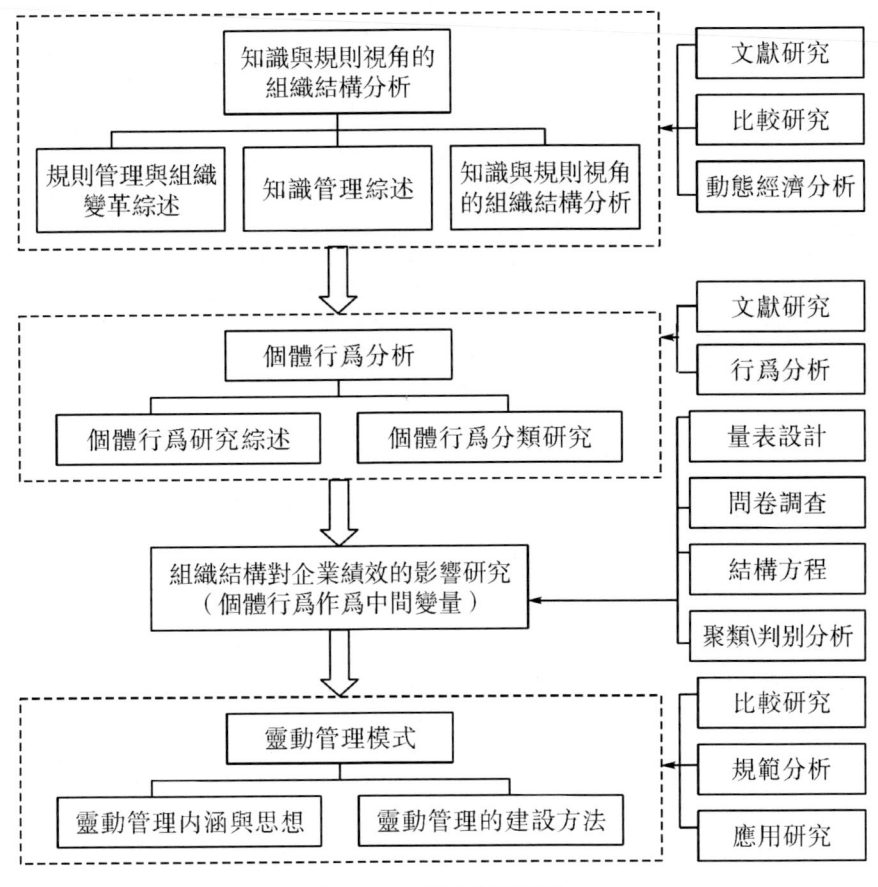

圖1-4 研究技術路線

2 規則管理與組織變革

管理活動的基本職能包括規則的制定與實施。任何管理活動都在具體的規則中完成,組織成員也是在這些規則內完成任務。這些規則有著積極的意義,但另一方面也有著負面的作用,需要不斷創新與完善。一項規則從建立到完全起作用,需要一段很長的時間,而在這段時間內,還要不斷付出新的成本。建立某項規則,除了建立規則的成本之外,還要考慮從建立起規則到規則完全發揮作用這期間的成本。當規則的成本遠高於收益時,這種規則成為組織不堪承受之重,很難具備持久的穩定性,必須即時地進行組織變革。規則管理與組織變革是相互伴隨的。

2.1 規則概要

2.1.1 規則的概念

新制度經濟學認為制度就是規則,把制度分為正式制度和非正式制度。正式制度是指人們有意識創造出來並通過組織正式確立的成文規則,包括成文法、企業規章與正式合約等;非正式制度則是指人們在長期的社會交往中逐步形成,並得到社會認可的一系列約束性規則,包括價值信念、倫理道德、文化傳統、風俗習慣、意識形態等。正式制度具有強制性、間斷性的特點,它的變遷可以在「一夜之間」完成;而非正式制度具有自發性、非強制性、廣泛性和持續性的特點,其變遷是緩慢漸進的,具有「頑固性」。[1] 本書的規則是指企業的正式規章制度。規則即對行為的約束與利益的協調,強調必須怎麼做,

---

[1] 道格拉斯・C. 諾斯. 制度、制度變遷與經濟績效 [M]. 劉守英, 譯. 上海:上海三聯書店, 1994.

以群體或部分群體的利益為出發點。規則密度大表示：嚴格按照事先規定好的章程辦事，等級層次多，分工明確，權力集中，規章制度全面嚴格，正式溝通比例大，經營管理、生產作業標準化程度高。

2.1.2 規則的作用

規則是一把雙刃劍，它的作用有正負兩面，正面作用包括滿足需求的有序、改變交易成本、知識的傳遞體；負面作用包括維持穩定的有序、劃分資源的載體與知識的障礙體。具體見表 2-1。

表 2-1　　　　　　　　　　規則的作用

正面作用	負面作用
滿足需求的有序	維持穩定的有序
個體可以從規則中獲得滿足，完成一項活動，獲取一種樂趣。規則能夠保持這種活動的有序進行，如組織中一些晉升、競爭與合作規則等。個體的行為常常是在某種規則下完成的。比如打籃球，沒有規則，打籃球就沒有興趣、沒有激情、沒有享受、沒有追求。籃球能有這麼多的追逐者，成為一種大眾化的體育活動，原因就在於它的規則作用與魅力。規則明瞭，人人能讀懂，人人能遵守，所以人人能參與。在組織中，相互競爭與協作，要有相同的規則遵守。提供合適的規則才能讓人有參與的興趣，充分發揮才能的享受，以及取得成就的歡樂。規則可以提供一種滿足個體需求的有序框架。	規則如果僅僅滿足了組織的穩定與有序，但是對組織成員來說變成了一種負擔與累贅，則不僅不能滿足組織成員的需求，反而成為組織成員行動的一種約束與痛苦。
改變交易成本	劃分資源載體
科斯定理表示：在一個零交易成本世界裡，不論如何選擇規則配置資源，只要交易自由，總會產生高效率的結果；而在現實交易成本存在的情況下，能使交易成本影響最小化的規則是最適當的規則。組織採用適當的規則是為了提升效率，減少交易成本。	通過規則來劃分權利、人力、財務、信息、知識等資源並配置在相對固定的部門與結構中執行，背離了降低交易成本的原則，並限制了資源的流動與共享。
知識的傳遞體	知識的障礙體
新的知識可以作為一種標準化的規則向組織推行，使組織成員能迅速掌握並吸收該知識，便於新知識的普及與傳遞。	如果把一種規則固定化，嚴格按照規則行事，反而使新的知識與行動方式難以產生與應用。

2.1.3 規則制定存在的問題

（1）制定規則不夠謹慎

管理中經常存在的問題是要求工作謹慎小心，制定規則時卻大膽隨意，有的不假思索地引進，對規則的目的、效果缺乏嚴格的評估與考察。執行過程中往往需要花費大量的資源去量化、考核與監督，結果收效甚微。

（2）忽視規則的成本

一項規則從建立到完全起作用，需要一段很長的時間，而在這段時間內，還要不斷付出新的成本。這種成本就是新規則的「貼現率」。所以，在決定建立某項規則之前，除了要考慮到建立規則的成本之外，還要考慮到從建立起規則到規則完全發揮作用這段時間內的「貼現成本」。有時，往往是因為「貼現成本」太高，即使所建立的規則再好，也可能成為組織不堪承受之重。眾多廉價勞動力的勤奮工作，可以彌補規則成本的不足，但勞動力績效反而降低。

（3）缺乏全體成員的設計和安排

服從規則安排對於決策者來說成本最低，最便於管理，但這些規則在被管理者身上往往難以推行，為了這些規則的貫徹，就不得不用更強力的監督、督察、審批、懲罰等手段繼續去增加執行規則的成本。以管理者的成本而不是整體的成本作為規則安排的決定因素，建立一套由全體成員設計和安排規則的管理機制是最有效的辦法。

（4）規則存在路徑依賴

美國經濟學家道格拉斯·諾思提出了「路徑依賴理論」。諾思認為，路徑依賴類似於物理學中的「慣性」，一旦進入某一路徑（無論是「好」的還是「壞」的）就可能對這種路徑產生依賴。某一路徑的既定方向會在以後發展中得到自我強化，人們過去做出的選擇決定了他們現在及未來可能的選擇。好的規則會對企業起到正反饋的作用，通過慣性和衝力，產生「飛輪效應」，企業發展因而進入良性循環；不好的規則會對企業起到負反饋的作用，就如「厄運循環」，企業可能會被鎖定在某種無效率的狀態下而導致停滯，而這些選擇一旦進入鎖定狀態，想要脫身就會變得十分困難。

（5）缺乏足夠知識支持

規則本身是知識的一種表現形式，是一種顯化了的知識，使知識更加容易得到推廣和使用，提高了知識應用的效率與標準化程度。規則的缺點表現在：

①強制同一。人的行為在受到規則約束的情況下，表現為同一化的行為。這種強制同一的規則不會考慮個性化的特點與環境；

②利益扭曲。知識轉化為規則的過程中必然加入了轉化集團的利益訴求，使這種規則更有利於轉化集團，因而受到扭曲的規則並不能完全發揮應有的作用；

③利益協調。規則可以協調不同個體、群體之間的利益，但是這種標準化的協調方式並不一定最有效。很多時候規則的協調成本會變得非常高，以至於該種規則失效（無人使用），還不如由當事人進行多樣化的自主協調更有效。

規則並不是我們追求的主要目標，也不存在完美的規則，它不過是知識的一種顯化狀態。知識的表現形式很多，規則只有在效率最高的時候才會被使用，才轉化和表現為規則形式。由於規則本身有很多缺點，所以要慎用規則，為了排除知識轉化為規則過程中的干擾，需要建立基於知識的、競爭性的規則建設理論。

2.2 規則管理

2.2.1 規則管理定義

規則是組織個體行為的基本準則，構成了組織結構的框架，通過建立組織秩序來降低生產中的不確定性，使組織行為達到一定程度的標準化和可預見性，並為組織行為的績效提供激勵。它可以解決個體行為中經常出現的各類協調問題，減少交易成本、提高經濟效率。通過規則來管理，發揮規則的正面作用：滿足需求有序、改變交易成本和知識載體；同時也會產生規則的負面作用：約束行為有序、劃分資源和知識的障礙體。

2.2.2 規則管理過程

規則管理的過程包括根據組織目標、新問題以及舊規則的評價而進行的規則制定與轉換；規則的執行；規則的控制等。每一個環節相互協同，組成一個完整的規則管理閉環（如圖2-1）。

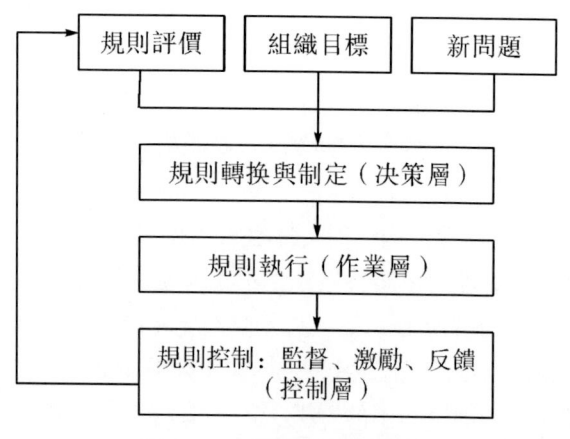

```
┌──────────────────────────────────────┐
│  ┌──────┐   ┌──────┐   ┌──────┐      │
│→ │規則評價│   │組織目標│   │新問題 │      │
│  └──────┘   └──────┘   └──────┘      │
│                 ↓                    │
│        ┌──────────────────┐          │
│        │規則轉換與制定（決策層）│          │
│        └──────────────────┘          │
│                 ↓                    │
│        ┌──────────────────┐          │
│        │  規則執行（作業層） │          │
│        └──────────────────┘          │
│                 ↓                    │
│      ┌────────────────────┐          │
│  ←── │規則控制：監督、激勵、反饋│          │
│      │       （控制層）     │          │
│      └────────────────────┘          │
```

圖 2-1　規則管理運行機制

在規則管理的運行機制中，決策層根據組織目標、新的問題以及對既有規則的評價來制定或者轉換規則，作業層按照規則來作業，控製層對作業進行監督、激勵與反饋。根據這個機制，建立規則管理模型。假設規則轉換與制定成本為固定值 F；員工不執行規則被發現的概率為 p 時，每一會計年度所發生的規則控製成本為 $M(p)$；w 為員工年度收入，N 為員工工作年限；w' 為員工重新找到工作的年度收入；$g(K, P)$ 為員工不執行規則的收益，隨著知識量 K 的增加，解決問題的新方法和從事其他工作的可能性增加，$g(K, P)$ 也隨之增大；隨著員工對工作偏好 P 的增加，$g(K, P)$ 隨之變小。

那麼規則管理的最優化策略為：

$$\text{Minimize } F + M(p) + w \tag{2.2-1}$$

$$\text{Subject to } p(w - w')N \geqslant g(K, P) \tag{2.2-2}$$

(2.2-2) 式說明支付工資不會高於提供激勵所必需的最低工資，得：

$$w = w' + \frac{g(K, P)}{Np} \tag{2.2-3}$$

帶入 (2.2-1) 式得：

$$\text{Minimize } F + M(p) + w' + \frac{g(K, P)}{Np} \tag{2.2-4}$$

對 p 的一階導數為零，求最優解 p^*：

$$M'(p^*) - g(K, P)/(p^*)^2 = 0 \tag{2.2-5}$$

並且對 p 的二階導數非負：

$$M''(p^*) - 2g(K, P)/(p^*)^3 N \geqslant 0 \tag{2.2-6}$$

隨著工作年度 N 的增加，最優效率工資左移，最優的監督概率 p^* 在變小，

監督成本也在變小；當執行者知識量增加或者對工作偏好變小時，最優效率工資右移，最優的監督概率 p^* 在變大，監督成本也在變大（如圖 2-2）。足夠大的規則運行成本，會迫使組織轉變規則，同時面臨巨大的轉換成本。

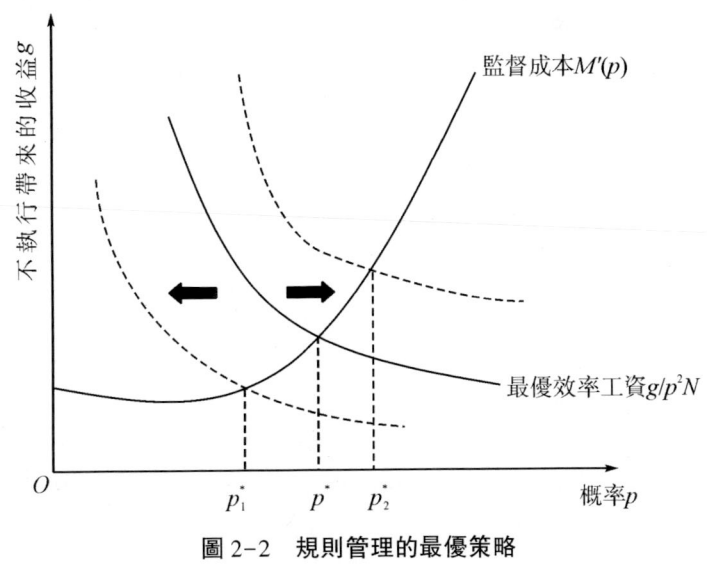

圖 2-2　規則管理的最優策略

由此，當企業知識存量較少時，通過統一的規則來進行管理，能夠在較低的管理成本上獲得較大收益；隨著知識能力的不斷擴張，標準化的規則很難支持大規模的知識形成與創新，規則管理的成本在增加，收益在減少，而知識管理的成本和收益正相反（如圖 2-3）。

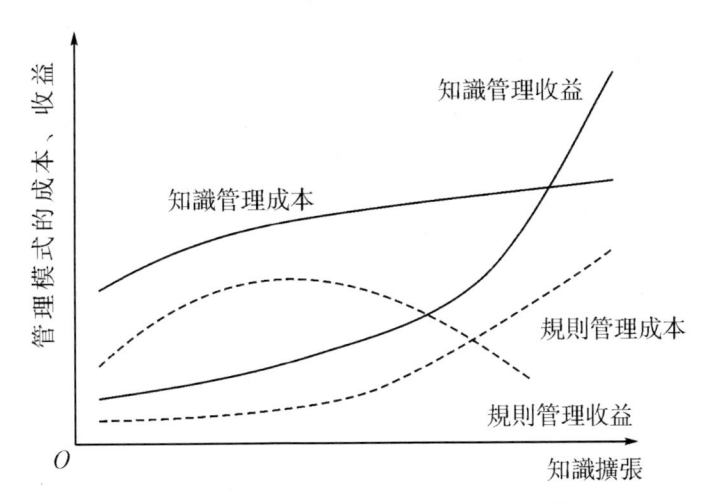

圖 2-3　知識管理與規則管理效果比對

2　規則管理與組織變革　17

2.2.3 規則管理成本與收益

（1）全部是內部制定規則的成本

要完成目標有幾種方法：M_1，M_2，…，M_n。

規則是使用其中一種方法來制定的。

設生產 Q 產品需要勞動 L、資本 K 與規則 M_1，M_2。$C_1(M_1)$ 和 $C_2(M_2)$ 分別為規則 M_1，M_2 的運作成本，C_d 為不包括規則成本的生產成本。則：

$$Q = f(K, L, M_1, M_2) \tag{2.2-7}$$

$$\pi(Q) = R(Q) - C_d(Q) - C_1(M_1) - C_2(M_2) \tag{2.2-8}$$

利潤最大化，對 M_1 求偏導：

$$\frac{\partial \pi}{\partial M_1} = \left(\frac{dR}{dQ}\right)\left(\frac{\partial Q}{\partial M_1}\right) - \left(\frac{dC_d}{dQ}\right)\left(\frac{\partial Q}{\partial M_1}\right) - \frac{dC_1}{dM_1} = (MR - MC_d)MP_1 - MC_1 = 0 \tag{2.2-9}$$

此時 M_1 的邊際成本線 MC_1 等於它給企業帶來的邊際收益 NMR_1：

$$NMR_1 = (MR - MC_d)MP_1 = MC_1 \tag{2.2-10}$$

同理：

$$NMR_2 = (MR - MC_d)MP_2 = MC_2 \tag{2.2-11}$$

（2）部分是內部制定規則的成本

若規則 M_1 的使用價格為 P_1，規則 M_2 的使用價格為 P_2，則制定規則部分利益最大化：

$$\pi_1 = P_1 M_1 - C_1(M_1) \tag{2.2-12}$$

$$\pi_2 = P_2 M_2 - C_2(M_2) \tag{2.2-13}$$

$$\text{MAX} \pi_1, \pi_2$$

分別對 M_1，M_2 求導數：

$$\frac{d\pi_1}{dM_1} = 0, \quad \frac{d\pi_2}{dM_2} = 0 \tag{2.2-14}$$

得：

$$P_1^* = MC_1, \quad P_2^* = MC_2 \tag{2.2-15}$$

使用規則部分：

$$\pi(Q) = R(Q) - C_d(Q) - C_1(M_1) - C_2(M_2) \tag{2.2-16}$$

2.2.4 規則管理存在的問題

企業的環境發生了巨大的變化，而在傳統的管理結構內，各種規則把組織

劃分為眾多小單位，按照既定的規則按部就班的運作，組織被這些規則割裂成小塊，成員在割裂的單元中活動，很難適應新的環境（如圖2-4）。

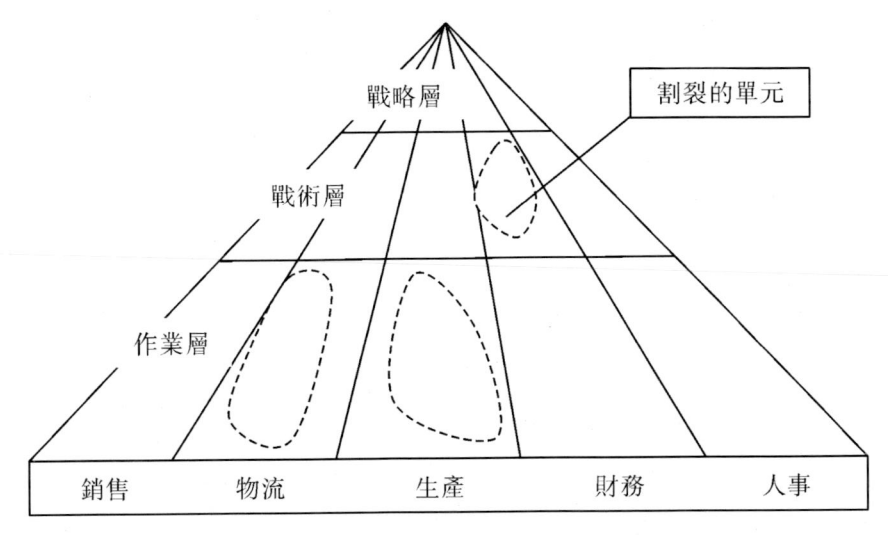

圖 2-4 規則割裂的單元

問題具體表現在以下幾方面：

（1）信息不集成，不見全貌

横向來看，各個部門以及相關員工掌握著各自的信息，信息不能集成；同樣的信息分佈在組織的不同單位中，信息不能統一。從組織中縱向的層次來看，各個層次掌握信息量也不同，每個層次每個部門的個體以少量的信息去思考與工作，難以獲得更為全面的信息，難以觀察瞭解到組織運作的全貌，難以進行全局性的思考與作業。

（2）知識難以共享與創新

被分割開的各個組織單位與個體所具備的知識僅僅局限於自身的小單位內，難以共享，新的知識難以形成。這種被規則割分的小單位，考核與運作更為強調小單位間與個體間的競爭，大範圍的創新與合作難以開展。

（3）資源不能流通

組織中很多資源分佈在各個小單位與個體中，諸如人力、財務、設備、廠房、倉庫等，但是在規則化的組織模式中，資源不能自由流動，員工不能充分利用，如設備不能出租，倉庫不能外借，員工不能兼職，這些資源白白浪費著。

（4）規則內的作業與創新

傳統模式中，組織講求規範化，而大多數規範化的手段需要通過嚴格細緻

的規則來保障，所有的活動是在規則下完成的，很大程度上抑制了組織成員創新活動的積極性。為了達到既定的要求和標準，不斷規範行為，不斷細化規則，進一步限制了創新。

（5）流程變化困難

職能部門間的橫向合作常常依靠流程管理來完成，而流程要隨著企業的環境變化而變化。任何流程的變化必然伴隨著職能部門的相應調整與改變，而職能部門的模式與規則化往往是阻礙流程重組的最大障礙。任何一項流程的改進與重組都會涉及多個部門的利益，遇到抵制時，再好的管理模式與知識也難以引入組織。

（6）規則同一化

大多數組織的規則都是同一的，只有一套，適用於所有人。所有人用同樣規則，忽視了個體的差異性與個體的特質。現代企業無論在組織管理還是個體需要方面，越來越需要能體現與尊重差異化的規則。這種同一化的規則越來越難調動人的積極性，難以發揮知識的創造力。

2.3 組織變革的定義與影響因素

2.3.1 組織變革的定義

隨著相關研究在組織變革的理念、結構、過程、技術、方法、文化等方面的深入，組織變革的定義也在被不斷豐富與拓展，表2-2是不同學者給組織變革所下的定義。

表2-2　　　　　　　　　不同的組織變革定義

研究者	組織變革定義
Webber[1]	強調組織變革應該增強在改變個體行為與態度和增進組織結構調整方面的功能，來改善組織績效。
Michael[2]	指出只有當組織經營無法適應環境變化時，所採取的調整才稱得上是組織變革。

---

[1] Webber, R. A. Management: basic elements of managing organzation [M] //The Irwin Series in management and the behavioral sciences. California: R.D.Irwin, 1979: 212-215.

[2] Beer, Michael, Nohria Nitin. Cracking the code of change [J]. Harvard Business Review, 2000, 78 (3): 133.

表2-2(續)

研究者	組織變革定義
Amir Levy, Uri Merry①	把組織變革看作是，在組織運作中出現了間斷性變化，無法按照慣例來處理新問題、適應新環境，必須對諸如組織目標、企業文化、組織使命和組織結構等方面做巨大調整來維持生存。
Recardo②	組織變革是通過新的策略調整或制定新計劃，促使組織成員採取新行為。
Strebel③	分析了組織變革的兩大因素：外部動力與內部阻力。認為組織變革是這兩股力量的均衡。
Daft④	強調改變員工的態度與行為，認為組織變革最主要的是引入新的行為或思維模式。
Dessler⑤	認為組織變革就是為了提升組織績效而改變組織結構、技術以及管理員工的方法。
Morgan⑥	認為通過組織的變革，可以提升組織的運作效率，促進組織的均衡增長，使組織具有更強的適應性與合作性。
Charles W. L. Hill, Gareth R. Jones⑦	認為組織變革是跨越當前狀態到達理想狀態的關鍵，突出的表現在流程優化、流程重組與組織創新方面。

綜合以上研究給組織變革下一個定義：組織變革就是為了適應新環境的變化（如企業內外部環境的變化、技術發展等）和提升組織績效，運用科學的管理方法對組織的規模、權力結構、角色設定、溝通渠道、組織與組織之間的關係，以及組織內個體成員的理念、態度與行為、成員間的合作模式進行全面的、系統的、有目的的優化與調整。

組織變革需要經過一段時間才能凸顯作用，具有一定的滯后性，不能等到

---

① Amir Levy, Uri Merry. Organizational transformations: Approaches, strategies, theories [J]. Administrative Science Quarterly, 1986, 33 (3): 471-476.

② Recardo R J. The what and how of change management [J]. Manufacturing System, 1991 (5): 52-58.

③ Strebel, Paul. Why do employees resist change? [J]. Harvard Business Review, 1992 (74): 3.

④ Richard L Daft. 組織理論與設計精要 [M]. 李維安，等，譯. 北京：機械工業出版社，1999: 145-153.

⑤ Dessler G. Human resource management [M]. Englewood: Prentice Hall. 1994: 112-115.

⑥ Hanpacgern C., Morgan G. A, Griego O. V. An extension of the theory of margin: A framework for assessing readiness for change [J]. Human Resource Development Quarterly, 1998, 9 (4): 39-350.

⑦ Charles W.L. Hill, Gareth R. Jones. Strategic in the global environment [J]. Strategic Management, 2001 (3): 224-225.

組織無法生存時才採取變革措施。可以針對以下變革前兆，提前積極部署變革。

（1）「大企業病」出現，如出現行動遲緩、信息溝通不暢、扯皮推諉、機構臃腫、責權不明等管理效率低下的情況；

（2）創新不足，如缺乏新技術與新產品，仍然沿用陳舊的管理模式，缺少新的戰略與策略；

（3）士氣低下，如員工離職率高、病假、事假、礦工多、負面情緒蔓延等；

（4）績效降低，如產品市場佔有率、盈利率、客戶滿意度等下降。

2.3.2 組織變革的影響因素

組織變革的影響因素主要包括動力因素與阻力因素兩個方面。

（1）組織變革的動力因素

組織變革的動力因素是組織變革的前提與基礎，研究動力因素有助於明確變革的原因、確立推動變革的關鍵要素、瞭解組織變革的趨勢與方向。很多學者研究了企業變革的動因，有的認為動力因素是由內部環境與外部環境共同引起的（內外因觀）；有的認為動力因素主要來自企業外部（外因觀）；還有的認為變革動力是組織不斷進化的結果（進化觀）（如表2-3）。

表2-3　　　　　　　　　企業變革的動力因素

觀點	代表人物與思想
內外因觀	Szilagvi[1] 從內部力量與外部力量兩個方面論述組織變革的動力。組織成員行為、組織結構與業務流程是主要的內部動力因素；技術升級、產業改造、人口變化、政府政策、企業競爭、國際貿易等構成主要的外部動力因素。
	Kanter. Stein, Todd[2] 從三個方面考察了組織變革的動力因素：①外部環境變化，主要有一般環境、競爭環境、產業環境與超環境方面的變化；②組織內部權體系的改變，如文化與制度、經營權變更、重大的人事變化等；③主導組織成長的因素發生改變，如企業成長機制轉變、企業生命週期及企業成立與存續時間等的變化。

---

[1] Szilagvi, A. D. Organizational behavior and performance [M]. 3rd ed. Scott, Foresman and Company, 1983: 168-213.

[2] Kanter, S., Todd, D. J. The challenge of organizational change: how company experience it and leaders guide it [M]. New York: Free Press, 1992: 234-237.

表 2-3（續）

觀點	代表人物與思想
內外因觀	Steers[1] 同樣認為組織內外部都存在促進組織變革的動力因素。經濟、政治、市場、技術、資源及資源獲取方式的變化等構成外部動力；組織結構、組織目標、員工目標、內部知識、技術等內部環境的變化構成組織變革的內部動力。
外因觀	Good. stein, Burke[2] 結合生態論方法指出，組織變革的根本原因是來自於外部環境的壓力，諸如競爭對手的出現、客戶偏好的變化、新的技術的產生、新的政策法規的出抬等。而來自於內部的主動變革是很少的。
	P. Robbins[3] 提出在技術、人口、經濟、文化、社會、競爭與國際局勢方面的劇烈與迅速的變動才是組織變革的關鍵動力。
	Nadler, Shaw[4] 提出諸如市場與競爭、宏觀經濟變化、企業成長、技術進步、新的政策法規、產品生命週期及產業升級換代等外部不確定因素是組織變革的主要動力。
進化觀	Tushman, O'Reilly[5] 持進化論觀點，認為組織變革是組織成長的必然過程。組織變革的主要影響因素來自於企業和產品的生命週期在不同階段的主導環境。

　　結合前人的研究，總體上組織變革的動力因素主要分為內因與外因兩個方面。內因有：①人員變化，如重要的人事變更、員工素質與目標變化、人員知識與結構變化等；②內部調整，如部門調整、業務外包、企業成長、經營權轉移等；③技術更新，如引進新技術、技術改造、購買新設備、開發新產品等；④管理變化，如引進新的管理技術或建立計算機輔助管理系統。

　　在目前競爭與合作加劇的情況下，組織僅靠內部的職能業務來構築競爭優勢變得越來越困難，組織變革更多的動力來自於外部。[6] 網絡技術的普及與經

---

[1] Mowday R.T., Porter L.W., Steers R.M. Employee-organization linkages: The psychology of commitment, absenteeism and turnover [M]. New York: Academic Press, 1993: 233-238.

[2] Goodstein, Leonard D., W. Warner Burke. Creating successful organization change [M]. Organizational Dynamics, 1991.

[3] Robbins, S. P. Organizational behavior [M]. 9th ed. New Jersey: Prentice Hall, 2001: 341-348.

[4] Nadler, D. A., Shaw, R. B. Change leadership: core competency for the twenty-first century discontinuous change: leading organizational transformation [M]. SF: Jossey Bass Publishers, 1995: 1-14.

[5] Tushman, M. L., C. A. O'Reilly. Ambidextrous organizations: managing evolutionary and revolutionary change [M]. California Management Review, 1996, 38 (4): 8-30.

[6] 王宇，樊新敬，陳曉. 戰略性組織變革與外部環境的適應性研究框架 [J]. 經濟導刊，2009 (10): 51-52.

濟全球化的發展，使消費者在交易中擁有更大的主動權。① 外因的變化成為組織變革關注的焦點，外因動力主要包括：①宏觀環境，如產業環境、政府政策、外部環境、標準與法規等；②競爭環境，如原料價格與來源、市場競爭者等；③市場環境，如客戶偏好、客戶的結構與分佈等的變化。

（2）組織變革的阻力因素

隨著對組織變革阻力因素的深入研究，阻力因素的劃分也變得日益複雜與細緻。瞭解組織變革的阻力因素，對於減少摩擦、促進組織變革的順利進行異常重要。一些學者對組織變革的阻力進行了深入的研究（如表2-4）。

表2-4　　　　　　　　　組織變革的阻力因素

研究者	變革阻力
Richard[②]	指出太過計較變革成本、未計入變革潛在的隱形收益、缺乏整體協調、規避風險、擔心失敗是組織變革的主要阻力。
Donnelly[③]	強調評價的混亂、對變革的低容忍度、變革中的自私與狹隘、信任不足與誤解存在都是導致變革失敗的關鍵原因。
Greenberg[④]	認為組織變革的阻力來自組織的抵制與個體的抵制兩方面。組織結構與工作團隊的慣性、對現存權力的威脅與先前變革失敗的陰影構成了組織抵制因素；對個人收入的不安、對未知的擔憂、對習慣與社會關係改變的恐懼以及對變革認識的不夠深入均構成個人抵制的原因。

---

① M. Hammer, J. Champy. Redesign of the business [M]. Barcelona: Parramon, 1994: 45-46.

② Mark Granovetter, Richard Swedberg. The sociology of economical life [M]. Boulder: Westview Press, 1992: 34-37.

③ Donnely, R. G., Kezsbom, D. S. Overcoming the responsibility - authority gap: An investigation of effetive project team leadership for a new decade [J]. Cost Engineering, 1994, 36 (5): 33-44.

④ J. Greenberg. Organizational behavior: The state of the science [M]. Hillsdale: Erlbaum, 1994: 109-133.

2.4 組織變革的類型與性質

2.4.1 組織變革的類型

Kimberly，Quinn[①] 把組織變革劃分為組織再造、策略再定位及組織優化改進三種類型。Tushma[②] 認為組織變革可分為組織使命與組織核心價值理念的重定位、組織的權力與資源的重分配、組織再造與組織的優化改進。Reger[③] 提出重構組織結構、合理調整企業規模、再造與優化組織是組織變革的重要環節。Stoddar，Jarvenppa 從組織文化、組織管理、組織結構重組與規劃方面考察了組織變革；Robbins 從人員、技術與結構三方面分析了組織結構的變革；Harvey，Brdwn 指出技術性、行為性、結構性策略是組織變革的關鍵策略。[④]

總體來說，組織變革可分為四種類型：

(1) 戰略性變革

戰略性變革是指對組織發展戰略所做的長遠的、根本性的變革與調整。

(2) 結構性變革

結構性變革認為組織結構需要適應外部環境的變化，不斷調整組織中責任、權力與資源的配置，使組織更加靈活、富有柔性。

(3) 流程主導的變革

流程主導的變革以業務流程作為核心目標與關鍵競爭力，結合信息技術對企業流程進行優化與重組，使企業在質量、成本、服務、速度上獲得重大的進步與改善。

(4) 人本中心的變革

人本中心的變革強調在員工的福利、待遇、教育培訓、引導與激勵方面進行巨大改善，期望組織成員在理念、行為與態度方面保持較高的凝聚性。

[①] Weiek, K. E., Quinn, R. E. Organizational change and development [J]. Annual Review of Psychology, 1999 (50): 361-386.

[②] Michael L. Tushman. Managing strategic innovation and change: A collection of readings [M]. Oxford: Oxford University Press, 1998: 331-321.

[③] Reger R. Stough strategic management of places and policy [J]. The Annuals of Regional Science, 2003: 38-45.

[④] Tidd, J., Bessant, J., Pavit t, K. 管理創新——技術變革, 市場變革和組織變革的整合 [M]. 3 版. 北京：清華大學出版社, 2008: 8.

2.4.2 組織變革的性質

不同的組織變革程度不同，有的緩和，有的比較激烈，常把這兩種不同的策略稱作優化性變革與革命性變革。

(1) 優化性變革

優化性變革在保持組織價值觀基本穩定的前提下，對組織文化、組織成員和組織結構進行逐步、持續的優化與改進。Weick，Quinn 以及 Orlikowski 也把這種變革稱為「持續變革」，[1] 即緊密相連的各個部門每天發生著各種關聯的業務，並產生持續的改進與優化方法，在此基礎上發生的相關變革。這種優化性變革在組織中大量存在，更深層次、更大規模的變革便是建立在優化變革的基礎上。

(2) 革命性變革

革命性變革是重大的徹底翻新，全新的思考與革新，這種變革會影響到組織的核心價值觀與深層結構，是一種全面、整體、深刻的變革。Warner Burke[2] 認為這個「深層結構」是解釋革命性變革的關鍵概念。Gersick[3] 用間斷平衡思想來解釋了「深層結構」這一概念。還有其他的一些觀點，如 Levinson[4] 提出的個體變革理論；Gersick[5] 提出的群體變革觀念；Tushman[6] 從個體與群體方面研究了整合的組織變革理論。

---

[1] Weick, K. E., Quinn, R. E. Organizational change and development [J]. Annual Review of Psychology, 1999 (50): 361-386.

[2] Warner Burke. Organization change: Theory and practice [M]. Sage: Publications, 2001: 107-109.

[3] Gersiek, C. J. G. Revolutionary change theories: A multilevel exploration of the punctuated equilibrium paradigm [J]. Academy of Management Review, 1991 (16): 10-36.

[4] Levinson D. J. The seasons of a man's life [M]. New York: Knopf, 1978: 98-101.

[5] Gersick C. J. G. Time and transition in workteams: Toward a new model of group development [J]. Academy of Management Review, 1988 (31): 39-41.

[6] Tushman, M. L. Organizational evolution: A metamorphosis model of convergence and reorientation [J]. Research in organizational behavior, 1985 (7): 122-171.

2.5 組織變革模型

2.5.1 Lewin 組織變革模型

組織變革模型中影響力最大的就是 Lewin 組織變革模型。這個「力場」模型包括解凍、變革、再凍結三個部分。對於組織怎樣發起改革、管理與穩定其過程具有重要的指導意義與實踐價值（如圖 2-5）。[①]

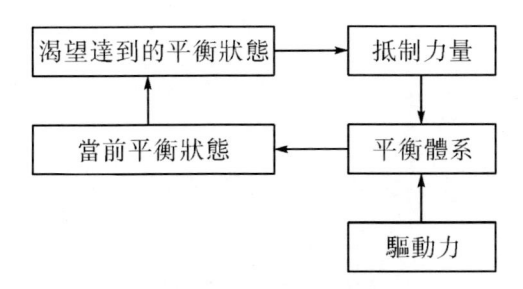

圖 2-5　Lewin 變革模型

［資料來源］K. Lewin. Field theory in social science［M］. New York：Harper & Row, 1951：381-409.

Lewin 認為組織變革可以分為解凍（Unfreezing）、變革（Moving）、再凍結（Freezing）三個步驟（如表 2-5）。后續的研究認為組織變革不是三個步驟就能完成的，而是經歷「解凍—變革—再凍結—再解凍—……」的循環過程。這些理論把變革看作是漸進的、連續的與發展的。很多研究都是在 Lewin 組織變革模型的基礎上進行的深入分析與優化。

表 2-5　　　　　　　　Lewin 變革模型的三步驟

變革步驟	變革內容
解凍	打破陳舊的價值觀念、行為模式與組織結構，誘發組織成員的變革需求，創造變革條件，為組織變革做好準備活動。
變革	為適應外部環境變化，對影響組織變革的部分或全部要素進行改變。
再凍結	為保持變革成果，防止退回到原始狀態，採取一系列措施，使變革結果達到一種穩定的狀態。

---

① K, Lewin. Field theory in social science［M］. New York：Harper & Row, 1951：381-409.

2.5.2 Kast 系統變革模型

Kast 應用系統理論中的「開放系統模型」來研究組織變革的因素，提出了「系統變革模型」。[①] 該模型認為組織是一個開放的人造系統。它是由眾多子系統結合而成的有機整體，模型內容主要有：變革輸入、變革元素、變革輸出三個方面。組織根據輸入要求進行變革，變革輸入包括組織的使命、遠景、戰略規劃等；變革的對象是變革元素，變革元素主要包括：組織目標、人員、社會因素、組織結構、組織文化等；變革的輸出與目標是組織效能（如圖2-6）。

```
┌──────────────┐      ┌────────────────────┐      ┌──────────┐
│   變革輸入    │      │     變革元素        │      │ 變革輸出 │
│              │─────▶│                    │─────▶│          │
│ 使命；遠景；  │      │ 組織目標；人員；社會因素；│      │   組織   │
│  戰略規劃    │      │   組織結構；組織文化    │      │   效能   │
└──────────────┘      └────────────────────┘      └──────────┘
```

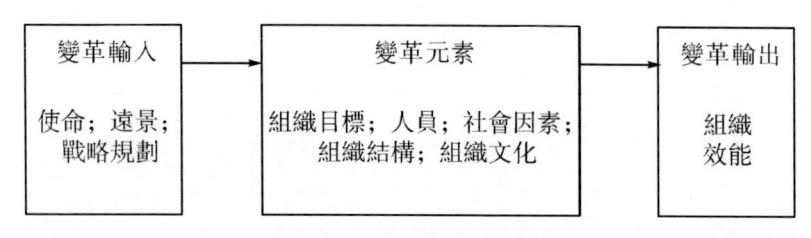

圖 2-6　Kast 系統變革模型

[資料來源] Fremont E. Kast, James E. Rosenzweig. Organization and management: A systems approach [M]. New York: McGraw-Hill, 1969.

Kast 認為以下六個步驟有助於順利實施組織變革。

（1）審視處境：審視組織生存的內部環境與外部環境，對它的過去與現在進行總體的綜合分析、評價與反思；

（2）識別問題：識別組織發展中出現的問題，明確組織變革的需求與方向；

（3）分析原因：分析清楚從目前狀態變革到期望狀態所存在的各種差距與問題以及到達期望狀態所需要具備的條件；

（4）提出方法：根據變革需求與原因提出多個備擇方案，進行細緻的討論與評價，並選出最優方案；

（5）實施變革：應用選定的最優方案，組織實施變革；

（6）評價反饋：對實施變革的過程中存在的問題及時進行反饋與調整，並作出詳細的評價，以備下次變革時使用。

---

① Fremont E. Kast, James E. Rosenzweig. Organization and management: A systems approach [M]. New York: McGraw-Hill, 1969.

2.5.3 Leavitt 變革模型

Harold Leavitt 提出整個組織變革的系統模式，他認為組織變革的內容包括 4 個方面：任務、人員、技術和組織結構。他指出組織變革主要通過結構途徑、技術途徑和行為途徑實現，這三種途徑高度相關（如表 2-6）。[1]

表 2-6　　　　　　　　　　　Leavitt 變革模型

變革途徑	變革內容
結構	強調組織結構與制度層面的修正，目標隨環境而變化，提倡建立相對靈活的組織結構。
技術	主要指工作流程的優化與重組，包括實物空間優化、工作方法和工作技術的變化等。
行為	側重於工作態度、激勵以及技能的改變及其輔助活動，如培訓、績效考核、員工招聘等活動。

［資料來源］Leavitt, Harold J. Managerial psychology: An introduction to individuals, pairs, and groups in organizations [M]. Chicago: University of Chicago Press, 1964.

2.5.4 Bass，Bennis 效能導向變革觀點

Bass 與 Bennis 認為組織變革應該以效能為導向與目標。Frank M. Bass[2] 指出，組織變革進行的前提是必須能提高組織績效。他認為組織績效表現在三個方面：①生產績效，指生產過程能夠獲取足夠的利潤來維持組織的不斷發展；②內部價值，變革對於內部成員來說是富有價值的；③社會價值，組織的變革對於外部的社會是富有價值與效益的。

管理專家 Warren G. Bennis[3] 認為組織變革能否實行的關鍵標準是組織能否適應創新的環境，能否及時調整自身結構來適應外部劇烈的競爭與急速變化的環境。他提出了組織變革的幾個標準：

（1）提高適應環境的能力：應對環境變化，及時處理發展中出現的各種問題；

---

[1] Leavitt, Harold J. Managerial psychology: An introduction to individuals, pairs, and groups in organizations [M]. Chicago: University of Chicago Press, 1964.

[2] 時勘，盧嘉. 管理心理學的現狀與發展趨勢 [J]. 應用心理學, 2001, 7 (2): 52-56.

[3] Warren G, Bennis Warren, Herbert A. Shepard. A theory of group development, in theodore [M] //Mills and Stan Rosenberg, Readings on the Sociology of Small Groups. Englewood Cliffs: Prentice Hall, 1970: 220-238.

(2) 加深自我認識的能力：深入瞭解自身目標、內部結構、組織行為的狀態以及存在的缺陷；

(3) 具備實踐檢驗的能力：能夠準確地把握現實環境的變化，敏感地發覺機遇，積極變革組織；

(4) 促進協調合作的能力：組織變革能夠更有效地加強組織內部成員的合作，更有效地整合個體與組織的目標。

2.5.5 Schein 適應循環變革模型

Edgar Schein[①]的模型與 Kast 模型較為相似。他更關注變革過程中信息的作用，提出的方法與策略方面也更為詳細，更具有操作性。他把組織變革看成一個為了適應環境而不斷循環的過程，包括六個階段：

(1) 審查內外部環境發生的改變；

(2) 提供明確的變革情報給組織變革部門；

(3) 變革組織的生產過程，積極使用收集來的變革資料；

(4) 對變革中可能出現的問題進行預先分析與過程控制，盡量把變革的負面作用降低到最小；

(5) 接受與檢驗輸出的組織效能，如市場佔有率、利潤、新產品等；

(6) 及時反饋變革信息、總結經驗、評價成果，為下一輪變革循環做好準備。

2.5.6 Kotter 變革模型

Kotter[②]把組織高層常犯的幾個錯誤看作是變革失敗的主要原因，比如：缺乏變革的急切願望、缺乏明確的責任劃分、缺乏強力有效的組織與領導；變革前沒有整體詳細的規劃，變革目標不明晰；變革中缺乏足夠的溝通協調，未能及時解決變革中出現的問題；缺乏整體的變革戰略、注重短期利益、變革局限於局部；未能對組織結構、文化、行為、習慣等深層結構造成影響。Kotter 建議，如果按照以下八個步驟進行組織變革，可以大大增加變革成功的概率：

(1) 明確變革目標；

(2) 建立有效的組織變革領導小組；

---

① Schein, E. H. Organizational culture and leadership [M]. 2rd ed. San Francisco: Jossey Bass, 1992.

② Kotter, J.P., Schlesinger, L.A. Choosing strategies for change [J]. Harvard Business Review, 1979, 3: 106-144.

（3）制定變革戰略，描繪變革遠景；
（4）注重變革中的溝通協作；
（5）合理的授權；
（6）提出整體的變革策略；
（7）維持並不斷推進變革；
（8）使變革深入到組織的深層次結構中。

2.5.7 多維視角的組織變革空間次序模型①

劉海潮提出了多維視角的組織變革空間次序模型，構建了8個組織變革維度（如圖2-7）。

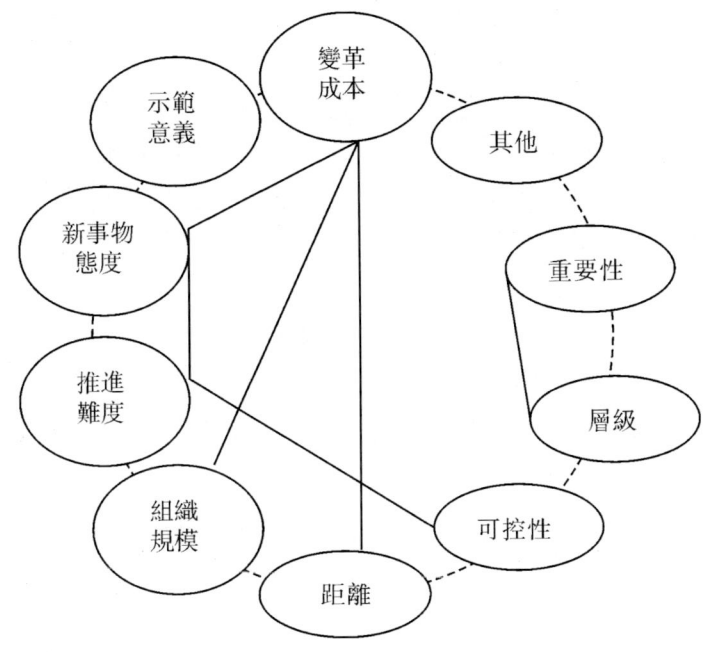

圖2-7 八個維度及其相關性

［資料來源］劉海潮. 多維視角的組織變革空間次序模式的探索性研究［J］. 軟科學, 2011, 25（2）: 67-71.

從空間次序模式構建的基礎—維度的角度來看，具有理論合理性和實踐可行性的維度主要包括：變革推進難度、變革示範意義、變革可控性、對新鮮事物的態度等。依據以上維度組合構建的次序模式包括單一維度、雙重維度、三

---

① 劉海潮. 多維視角的組織變革空間次序模式的探索性研究［J］. 軟科學, 2011, 25（2）: 67-71.

維度3種類型，具體的次序模式如下（如表2-7）：

表2-7 可行的空間次序維度

維度名稱	說明	維度次序
重要性	該部門對企業核心競爭力的決定性影響	先重要部門后非重要部門
層級	組織縱向管理層次上部門所處的位置	先高層級部門后低層級部門
規模	按人員數量劃分部門大小	先小部門后大部門
可控性	管理層對該部門的熟悉狀況，聯繫與掌控度	優先可控性強的部門
地理距離	組織單元距離總部的遠近	先近距離部門后遠距離部門
變革推進難度	推進難度的大小來分類	先難度小后難度大部門
對新事物態度	組織單元對於新事物的嘗試意願與創新性	優先對新鮮事物感興趣的部門
變革示範意義	組織單元受關注度高，可信度也高	先變革有示範意義的部門
變革成本	各組織單元變革各階段所投入的總成本	先低成本后高成本部門

［資料來源］劉海潮. 多維視角的組織變革空間次序模式的探索性研究［J］. 軟科學，2011，2（25）：67-71.

2.5.8 基於組織認知的變革模型

一部分學者認為組織認知就是管理者對組織的共同理解，促進組織管理團體共同理解的有效方法是開展組織學習。組織中個體管理者在共同理解方面的一致性越強，組織的環境動態適應能力就越強，同時也越能增強組織的功能。這些方面表現出了認知過程中組織管理者在共同的理解與認知方面的重要作用。Laukkanen[①]從認知的起因層面描述了組織管理者在企業中的核心活動範圍（如圖2-8：交叉的陰影部分表示管理者之間的一致性理解，即共同的組織認知）。

---

① Laukkanen M. Comparative cause mapping of organizational cognitions［J］. Organization Science，1994，5（3）：322-343.

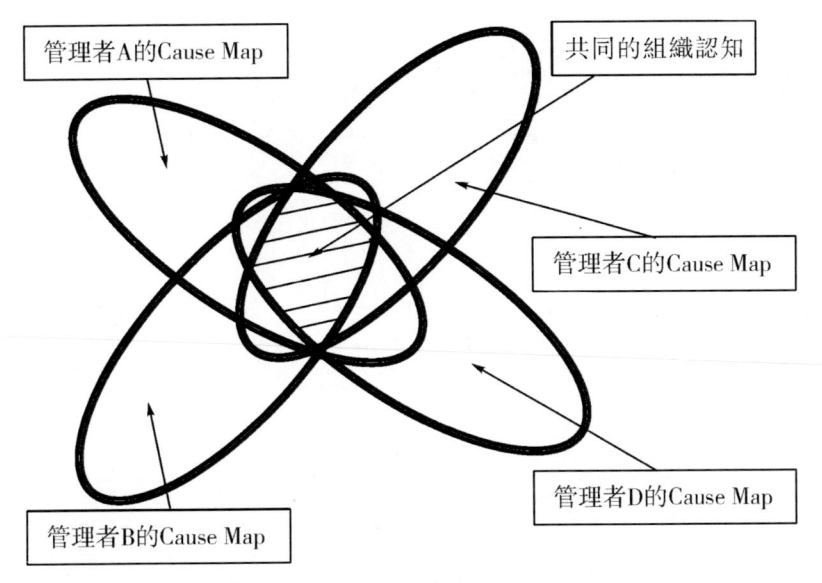

圖 2-8 Laukkanen 組織認知變革模型

[資料來源] Laukkanen M. Comparative cause mapping of organizational cognitions [J]. Organization Science, 1994, 5 (3): 322-343.

張鋼, 張燦泉[1]深化了這一模型。當外部環境發生變化時, 組織中的管理者根據各自的知識、經驗與能力等對外部環境的變化進行解讀、分析, 並產生各自對問題的看法與理解, 提出相關的解決方法與措施。在眾多的分析方式與解決方案中, 有很多是一致的, 這些相同的認知形成了圖中共享的知識 M; 而一些不同的觀點與意見由於認知的不同而產生了認知衝突 (如圖 2-9)。

管理團隊通過各種方法來降低這種認知衝突, 經過深入的交流、協商、溝通與協調, 盡量擴大一致性, 縮小認知方面的差異。經過努力, 一部分認知衝突得以解決, 達成了一致的組織認知並形成了共享的知識 N。組織認知是由剛開始就形成的共享知識 M 和后來解決認知衝突而形成的共享知識 N 共同組成的。在這個認知模式的基礎上, 分析環境變化、協調組織成員、解決認知衝突、提出方案策略, 最后實施組織變革, 使組織能夠更好地適應環境的變化。

---

[1] 張鋼, 張燦泉. 基於組織認知的組織變革模型 [J]. 情報雜誌, 2010, 5 (29): 6-11.

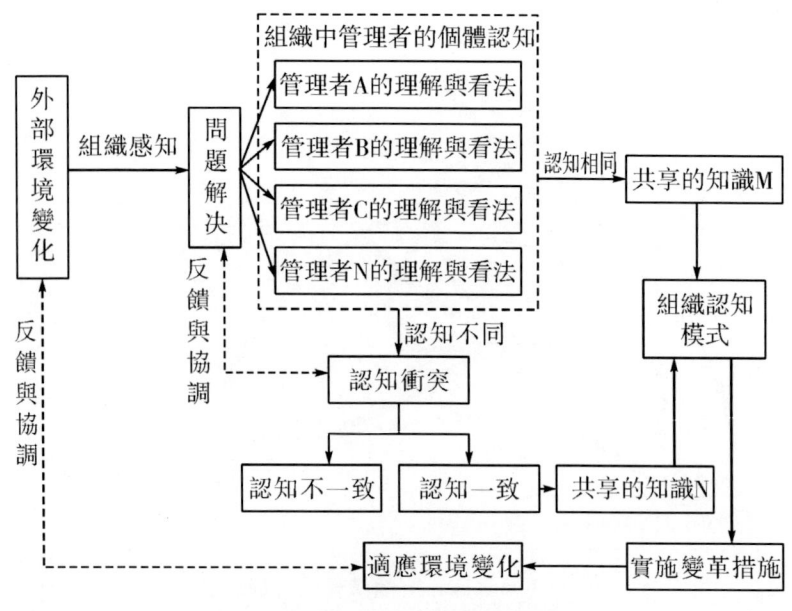

圖 2-9　基於組織認知的變革模型

[資料來源] 張鋼，張燦泉. 基於組織認知的組織變革模型 [J]. 情報雜誌，2010，5（29）：6-11.

2.5.9　整合的系統變革模型

眾多的組織模型從不同的角度考察了組織變革的實施過程與步驟，它們具備各自的視角與特點，同時有很多觀點具有內在的一致性。對前面的模型進行回顧，從系統的觀點整合這些模型，提出系統的整合變革模型（如圖 2-10）。組織的存在不能脫離它所處的環境，組織的變革同樣是在具體的環境中完成的，組織小系統存在於社會經濟複雜的大系統中，內外部環境是相互交換的，只有從系統的角度作整體上的把握與分析，才能更好地實施組織變革。

整合的系統變革模型分為三個部分：變革原因、變革內容與方法、變革結果。變革原因來自組織外部壓力與內部動力，兩方面共同促進了組織變革的實施。在變革過程中，組織要具備明確的變革戰略與目標，這個戰略統率變革的進程。變革戰略制定后是具體的實施，實施內容主要包括技術、人員與結構三方面的變革。圖 2-10 中三個箭頭均指向戰略，表明所有變革活動均圍繞戰略來展開，均支持組織變革戰略。同時技術、結構與人員的變革之間都有連線，表明三者不是獨立的，是緊密聯繫的，變革過程中三者關係複雜，技術、人員、結構共同構成一個實施系統。三者需要協調、匹配，任何一方面的激進都

會影響變革的順利進行。① 從組織變革的結果看，系統視角關注兩個方面：組織的總體績效層面與個體成員層面。一方面需要提高組織經營業績，實現持續增長，提高組織競爭力與環境適應力；另一方面要關注組織成員的個體層面，如員工待遇與福利、員工對工作的滿意度、員工價值的實現、員工的成長與發展等。只有綜合考慮兩方面的績效與結果，才能保證組織變革的順利實施與組織的持續發展。

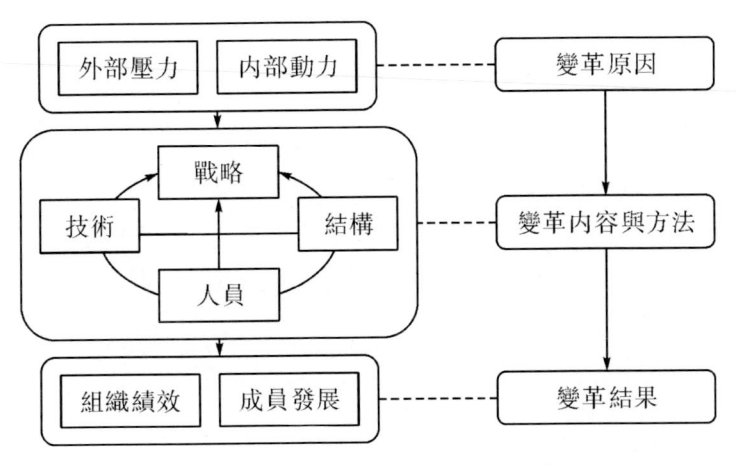

圖 2-10　組織變革的系統分析結構

　　規則管理模式下組織為了更好的發展與適應環境，就必須不斷地進行變革。這種重組與變革完成後又會形成新的規則，伴隨著另一種人和物的固化，隨著發展其又被打破，不斷進行重組，經歷「打破—建立—固化—過時」這樣一種模式。這個過程中，新思想取代舊思想，新流程取代舊流程，新組織結構取代舊組織結構，企業必然要經歷一個動盪、混亂、革新陣痛甚至失敗的過程，付出很高的代價。

　　知識能力日益成為企業核心能力的基礎，更加突出以人為本，強調人的積極性、主動性和創造性。組織結構呈現規模更小、更加扁平化、更加多樣化、更加靈活與個性化的發展趨勢。企業的行為方式、結構、習慣、程序、流程等規則越來越多是基於知識並由知識來驅動和支持的，傳統的規則管理與組織變革面臨著巨大的挑戰。

---

① Luscher, Lewis. Organizational change and managerial sensemaking: Working through paradox [J]. Academy of Management Journal, 2008 (2): 38-46.

3 知識管理

知識經濟時代，隨著貨幣資本的累積，其稀缺性逐漸降低，企業間的競爭越來越依賴於知識這種關鍵資源。貨幣資本在組織結構中的核心地位被知識資本取代，知識資本具有了剩餘價值控製權與索取權，成為新的價值增長源與經營風險承載體。本章對知識管理文獻做了一個系統的梳理與回顧，在綜述的基礎上提出知識管理的綜合模型。

3.1 知識的定義

學者們在研究知識管理的過程中給知識下了眾多不同的定義，這些定義反應了人們對知識的認識，多角度考察了知識並發展了它的內涵，我們從四種知識觀分析知識的定義（如表3-1）：

表 3-1　　　　　　　　　　　知識的定義

知識觀	研究者	對知識的認識
認知觀	Churchman[1] Nonaka, Peltokorpi[2]	認為知識屬於認知層面的範疇，是一種隱形的信仰與精神。這種認知觀的知識難以量化與操作，執行中注重默契、協作與長期修煉。

---

[1] Churchman. The designing of inquiry systems: Basic concepts of systems and organisation [M]. New York: Basic Books Press, 1971: 236-389.

[2] Nonaka, I., Peltokorpi, V. Objectivity and subjectivity in knowledge management: A review of 20 top articles [J]. Knowledge and Process Management, 2006, 13 (2): 73-82.

表3-1(續)

知識觀	研究者	對知識的認識
信息精煉觀	Petrash① Pfeffer, Sutton②	從信息管理層面看待知識，認為信息是加工后有用的數據，知識是信息分析、提煉與總結后產生的，是信息的精華與凝練。這種知識觀更強調從信息管理到知識管理的轉變，注重知識的儲存、傳遞與共享，尤其適用於顯性知識，常把知識管理作為信息管理的發展方向。
資源觀	Spender③ Ghoshal, Moran④	認為知識與人力、物力、財力、信息等一樣，是一種企業資源，知識管理屬於對特定的知識資源進行職能管理的範疇。
核心能力觀	Kogut, Zander⑤ 朱飛⑥	認為知識是企業所有資源中最重要的一種資源，它形成了企業的核心競爭力，企業通過加強對這種核心資源的管理來協調統籌其他資源，提升自身績效。

3.2 知識管理研究視角

不同的知識定義與認知，就會形成不同的知識管理研究視角與模式。Debra M. Amido⑦認為知識管理無處不在，不管給它下什麼樣的定義，如智力資本、智能、知識資本、學習、智慧、洞察力或者訣竅，都必須面對這樣的結果：要麼更好地進行知識管理，要麼企業走向衰亡。目前知識管理領域主要有對象與方法兩大研究視角。

---

① Petrash, G. Dow's journal to a knowledge value management culture [J]. European Management Journal, 1996, 14 (4): 365-373.

② J. Pfeffer, R. I. Sutton. The knowing doing gap: How smart companies turn knowledge into action [M]. Boston: Harvard Business School Press, 2000: 281-323.

③ Spender, J. C. Making knowledge the basis of a dynamic theory of the firm [J]. Strategic Management Journal, 1996, 17 (1): 45-62.

④ Ghoshal, S., Moran, P. Bad for practice: A critique of the tansaction cost theory [J]. Academy of Management Review, 1996, 21 (1): 13-47.

⑤ Kogut, B., Zander, U. What firms do coordination, identity and learning [J]. Organization Science, 1996, 7 (5): 502-518.

⑥ 朱飛. 知識型企業的人力資源戰略框架——以知識管理為核心 [J]. 改革與戰略, 2009 (3): 36-38.

⑦ (美) 戴布拉·艾米頓. 知識經濟的創新戰略——智慧的覺醒 [M]. 金周英, 侯世昌, 等, 譯. 北京: 新華出版社, 1998.

3.2.1 對象視角

對象視角的知識管理就是對知識的管理，把知識作為管理的對象。對象視角主要有如下四個學派①：

(1) 技術學派

技術學派以信息技術為基礎，認為知識管理是信息管理發展的高級階段。通過建立知識管理系統來提升企業經營決策的能力，常借助的技術有：文件管理、數據庫、數據倉庫、知識庫、數據挖掘、決策模型等。技術學派的主要觀點與內容如下（如表3-2）：

表3-2　　　　　　　　技術學派對知識管理的認識

系統整合	技術平臺	決策支持
Debra② 建立了知識管理方程：$KM=(P+K)^S$，量化了知識的重要作用。 王偉光③指出，知識管理是用信息技術把對知識的管理與對人的管理進行整合。把知識與知識、知識與作業、知識與人聯繫起來形成知識網，促進知識共享與交流，以此實現對組織結構的調整，為知識工作者搭建平臺，促進組織內外更大範圍的知識合作與交流，實現組織間雙贏。 馬家培④強調，知識管理是在信息管理的基礎上延伸與發展出來的，中間經歷了文件管理、計算機管理、信息管理、競爭情報管理幾個階段，最后發展為知識管理。	IBM認為知識管理的目的是為了提升組織生產率，提高組織應變能力，提升組織績效與創新能力。通過知識管理獲取與收集企業經營所需的知識與信息，把它們整合到計算機系統中，方便組織成員使用。 Yogesh Malhotra⑤ 把知識管理看作企業創造與運用知識的統稱。需要整合信息與數據、創意與知識，促進組織整體績效的提升。 顧敏⑥指出，隨著大量知識與信息的出現，需要運用相關技術與管理方法對這些知識進行組織、傳輸、創新與保護，知識管理應運而生。	Petrash⑦認為知識管理就是在正確的時間把正確的知識提供給正確的人，從而更好的輔助決策。 於立華等⑧拓展了知識管理的範圍，提出了基於博客的組織知識管理模型。

---

① 需要指出，這四個學派不是截然分開的，不同的學者分析的側重點不同，部分文獻是結合多個學派的優勢展開研究的。

② Debra M. Amidon. Innovation strategy for the knowledge economy——The ken awakening [M]. New York：Reed Educational & Professional Publishing Ltd, 2006：213-226.

③ 王偉光，李繼詳. 知識管理：一種新的管理模式 [J]. 社會科學輯刊，2000 (1)：48-52.

④ 謝康，陳禹，馬家培. 企業信息化的競爭優勢 [J]. 經濟研究，1999 (9)：24-35.

⑤ Yogesh Malhotra. Measuring knowledge assets of a nation：Knowledge systems for development [J]. Academy of Management Journal, 1996, 39 (4)：836-866.

⑥ 顧敏. 知識管理與知識領航：新世紀圖書館學門的戰略使命 [J]. 圖書情報工作，2001 (5)：55-61.

⑦ Petrash, G. Dow's Journal to a knowledge value management culture [J]. European Management Journal, 1996, 14 (4)：365-373.

⑧ 於立華，郭東強. 基於組織學習的博客知識管理模型研究 [J]. 科技管理研究，2009 (3)：46-53.

（2）戰略學派

戰略學派認為僅僅通過計算機系統來收集、分類、共享知識是遠遠不夠的，難以滿足現代複雜經濟環境中企業的需求。組織不但要關注知識的收集與共享，更為重要的是促進知識的創新與生成。應該像管理企業的其他資源一樣，組織應把對知識資源的管理提高到戰略高度，促進知識的創新與應用，提升企業績效。表 3-3 從四種觀點分析了戰略管理學派研究的內容與理念。

表 3-3　　　　　　　戰略學派對知識管理的研究

職能觀	邱均平[1]把知識管理分為狹義與廣義兩類。對知識的收集、加工、存儲、傳輸、運用與創新的管理屬於狹義的知識管理，它針對的是知識本身；廣義知識管理的對象除了知識本身外，還包括和知識相關的各種有形資源與無形資產，如知識人員、知識資產、知識設施、知識活動與知識組織等。 白楊[2]把知識管理視作一種新的管理領域、管理職能與管理思想，認為知識管理是企業管理中又一具體職能，整合了企業內外部各種知識供組織成員使用，使知識獲得有效利用與轉化，獲得更大效益。
流程觀	Wiig[3]認為知識管理是為了完成企業目標而進行的一系列幫組組織獲得內外部知識的流程，從流程管理的角度分析了知識管理。 Davenport[4]指出知識管理包括這樣一些流程：知識的獲取、整理、分類儲存、傳播、共享、應用與創新等。知識管理是企業創造、傳輸、共享與應用知識的具體流程與方法，它構成了企業的核心競爭優勢。 Tim Kotnour[5]認為要促進知識的引進、共享、應用與創新，需要把與知識相關的人員、工具與流程整合起來。 David[6]認為個體知識應通過知識管理轉化為組織可方便共享與利用的群體知識，需要對主要的知識進行系統的管理。

---

[1] 邱均平. 知識管理學 [M]. 北京：科學技術文獻出版社，2006：331-341.

[2] 白楊. 企業知識管理理論研究 [D]. 武漢：華中師範大學，2001.

[3] K. Wiig. Knowledge management foundations [M]. Arlington：Schema Press, 1993：202-241.

[4] T. H. Davenport, L. Prusak. Working knowledge：How organizations manage what they know [M]. Boston：Harvard Business School Press, 1998：211-213.

[5] Tim Kotnour. Organizational learning practices in the project management environment [J]. International Journal of Quality &Reliability Management, 2000, 5（4）：31-36.

[6] Garvin, David A. Building a learning organization [J]. Harvard Business Review, 1993, 7（8）：78-91.

表3-3(續)

資源觀	美國生產力中心的定義：知識是一種重要的資源，知識管理是組織的重要戰略，使恰當的知識在恰當的時間傳遞給恰當的人，幫助組織成員吸收利用，提升企業競爭力。 Daniel① 指出，知識管理是借助現代信息技術對知識資源的獲取、應用與創造進行的全面系統的管理。
能力觀	Thomas A. Stewart② 把知識管理看作是整合群體知識來提升競爭力的一種特殊能力。 Thomas H. Davenport③ 把知識看作組織中最有價值的資源。組織應該使內部成員方便地獲取到內外部的知識，讓內部成員能經過學習、吸收轉化為個人知識，再把這種個人知識整合應用到組織的服務與產品中。具備這種能力是組織知識管理要達到的目標。 Bontis④ 認為知識管理要突出三種能力：知識分析能力（KA）、知識科技能力（KT）與知識規劃能力（KP）。 盧啓程⑤把組織學習機制看作企業動態能力穩定發展的動力，認為組織動態能力發源於知識管理能力。 朱飛⑥從知識管理與人力資源管理的雙重視角展開研究，認為基於人的知識管理過程對企業競爭力提升有重大作用。

（3）經濟學派

經濟學派把知識作為一種能力資本與知識資產來進行管理，並分析知識為企業帶來的價值與效益（如表3-4）。

---

① Daniel E. O'Leary. Enterprise resource planning systems, life cycle, electronic commerce and risk [M]. Boston: Harvard Business School Press, 2000: 112-151.

② Thomas A. Stewart. The wealth of knowledge [M]. New York: Utopia Limited, 2001: 93-102.

③ Thomas H. Davenport. 營運知識：工商企業的知識管理 [M]. 王者, 譯. 南昌：江西教育出版社，1999.

④ Bontis, N. There's a price on your head: Managing intellectual capital strategically [J]. Business Quarterly, 1996: 41-47.

⑤ 盧啓程. 企業動態能力的形成和演化——基於知識管理視角 [J]. 研究與發展管理，2009（2）：70-78.

⑥ 朱飛. 知識型企業的人力資源戰略框架——以知識管理為核心 [J]. 改革與戰略，2009（3）：36-38.

表 3-4　　　　　　　經濟學派的知識資產與價值觀

知識資產	知識價值
K. Romhardt, G. Probst[1] 認為通過知識管理可以滿足企業發展的需求，整合與利用企業現有的知識資產，有助於拓展新的市場和挖掘更多利潤。 K. Wiig[2] 指出知識資產的管理主要集中在幾個方面：從上到下的審視與推進知識管理；購置與更新知識管理的基礎設施；創新組織，提高知識資產的利用率；深入挖掘知識的效益。	K. E. Sveiby[3] 認為通過對組織中專業技能、經驗與知識的整合利用，可以增加客戶價值、促進創新、提升組織績效。 Allee[4] 強調知識管理的重點是把組織內隱形的知識轉化為顯性的、可以用的、易吸收的知識，並不斷補充、更新與維護這些知識，最大程度的發揮知識的生產力。 Bassi[5] 表示知識管理的目標必須緊緊圍繞提高組織績效來開展。

（4）行為學派

行為學派認為知識能夠提升組織團隊的理解能力、溝通能力、行動能力和創造能力，突出強調知識對組織行為的重要影響（如表 3-5）。

表 3-5　　　　　　　關注知識對行為影響的行為學派

創新力	理解力	行動力
Chait[6] 認為知識管理的目標就是整合群體知識與智慧來提升企業創新能力。 金薈、孫東川[7] 用複雜性理論構建能夠集成個體知識、支持學科交叉創新的知識管理平臺。	Guns. B[8] 認為通過全面細緻的知識管理，可以改善與提升組織成員對某一問題的理解能力。	M. Stankosky[9] 認為知識管理應該提供一個可以協助組織成員反思、交流、共享與發展的平臺，以此來提高組織成員的行動能力。

---

[1] K. Romhardt., G. Probst. Building blocks of knowledge management – A practical approach, input-paper for the seminar [J]. Knowledge Management and the European Union-Towards a European Knowledge, 1997, 3（1）：213-224.

[2] Wiig, K. M. Integrating intellectual capital and knowledge management [J]. Long Range Planning, 1997, 30（3）：399-405.

[3] K. E. Sveiby. The new organizational wealth: Managing and measuring knowledge-based assets [M]. San Francisco: Berret-Koehler Publications, 1997：222-245.

[4] Verna Allee. 知識的進化 [M]. 廣州：珠海出版社, 1997：135-147.

[5] Bassi L. J. Harnessing the power of intellectual capital [J]. Training and Development, 1997, 12：25-30.

[6] Chait, Herschel N. How organization learn: An integrated strategy for building learning capability [M]. Durham: Personnel Psychology, 1997：771-774.

[7] 金薈、孫東川. 基於複雜性理論的第二代知識管理 [J]. 科學管理研究, 2008（2）：72-75.

[8] Guns. B. The faster learning organization: Gain and sustain the competitive edge [M]. San Francisco: Jossey-Bass Publishers, 1998：93-111.

[9] M. Stankosky, ed. Creating the discipline of knowledge management: The latest in university research [J]. Butterworth-Heinemann, 2006, 30（1）：251-266.

3.2.2 方法視角

知識管理的方法視角把知識看作管理的方法而非管理的對象，認為知識管理就是用知識進行管理，與規則管理相對應。

很多文獻體現出了這種思想，如管理專家 Peter M. Senge[①] 指出，知識社會就是企業社會，管理機制是其中的核心要素。這種管理機制的關鍵就是要發揮知識的作用，全面有序的使用知識去創造知識。他在《第五項修煉》(The Fifth Discipline)一書中提出了學習型組織理論，指出組織要不斷更新再造、終生學習來應對外部環境的變化與提高組織競爭力。陳國權[②]經過對223家企業的調查研究發現，組織學習能力對組織績效有明顯的正向作用，並分析了組織學習及其不斷深入開展的方法。

3.3 知識管理模型

知識管理模型是研究知識管理的主要範式[③]。以往學者們把知識管理模型分為規範型與實證型兩類。規範型知識管理模型主要研究組織應該怎樣進行知識管理，並提出了具體的實施步驟、方法與工具。知識管理的實證型模型一般在對適當樣本進行調查分析之後，明確各變量之間的關係，找出影響知識管理成功實施的關鍵因素，歸納實施知識管理的注意事項與指導建議。現在在知識管理研究中規範型與實證型兩種模式逐漸融合，難以截然分開。實證模型在規範模型的指導下展開，規範模型需要實證模型的檢驗與支持，兩者互相促進。

Nonaka[④]認為知識管理模型可分為三類：知識導向知識管理模型 KBM (Knowledge-based model)、工具導向知識管理模型 KTBM (Knowledge tools-based model) 與績效導向知識管理模型 OPBM (Organizational performance-based model)。周竺等[⑤]把知識管理模型分為智力資產模型、知識分類模型與

---

① Peter M. Senge. The Fifth Discipline [M]. New York: Bantam Dell Pub Group, 2006.
② 陳國權. 學習型組織整體系統的構成及其組織系統與學習能力系統之間的關係 [J]. 管理學報, 2008, 5 (6): 832-837.
③ 雖然技術學派注重技術平臺與信息系統的研究，但這些研究是建立在某種知識管理模型與知識管理思想的基礎上的。
④ G. Von Krogh, K. Ichijo, I. Nonaka. Enabling knowledge creation [M]. Oxford: Oxford University Press, 2000: 202-231.
⑤ 周竺, 孫愛英. 知識管理研究綜述 [J]. 中南財經政法大學學報, 2005 (6): 27-33.

社會結構模型。奉繼承，趙濤[1]從研究方法與工具的角度把知識管理模型分為數學模型、實施框架模型、實施過程模型、知識管理描述框架與知識功能模型。Sthle，Rastogi[2]則從動態性方面構建了智力資本模型和知識管理模型。

知識管理模型的各種分類實際上是從多角度、深層次對知識管理進行了詳細剖析。伴隨著對知識管理研究的深入進行，越來越多新穎的知識管理思想、模型、方法與工具湧現出來，知識管理的內涵與理念也發生了巨大的變化。我們在總結前人研究的基礎上，把知識管理模型歸納為以下七類。

3.3.1 知識分類模型

知識分類模型注重按照不同屬性對知識分類，針對不同類型知識採取不同轉換與利用方案，是一種經典的知識管理模型。

Zack[3]把知識分為開發性知識與探索性知識：開發性知識注重已存在知識的新應用；探索性知識強調新知識的開發與創造。Zack從探索性與開發性、內部知識與外部知識這兩個維度把知識管理戰略劃分為四類：內部—開發戰略、內部—探索戰略、外部—開發戰略與外部—探索戰略（如圖3-1）。

	開發性知識	探索性知識
內部知識	內部—開發戰略	內部—探索戰略
外部知識	外部—開發戰略	外部—探索戰略

圖3-1　Zack 四種知識戰略

［資料來源］Zack, M, H. Managing codified knowledge ［M］. New York：Oxford University Press, 1998.

Boisot[4]按照能否擴展、可否編碼這兩個維度來劃分知識。把易於共享的知識稱為擴散知識，難於共享的知識稱為不擴散知識；把便於計算機處理與傳輸的知識稱為可編碼知識，難於通過計算機處理與傳輸的知識叫做不可編碼知識。分類后的知識分佈在不同的空間，相應採取不同的管理方法（如圖3-2）。

---

[1] 奉繼承，趙濤. 知識管理的系統分析與框架模型研究［J］. 研究與發展管理，2005（6）：50-55.

[2] Rastogi, P. N. Knowledge management and intellectual capital——The new virtuous reality of competitiveness［J］. Human Systems Management, 2000, 19：39-49.

[3] Zack, M, H. Managing codified knowledge ［M］. New York：Oxford University Press, 1998.

[4] Max H. Boisot. Knowledge assets：Securing competitive advantage in the information economy ［M］. New York：Oxford University Press, 1998.

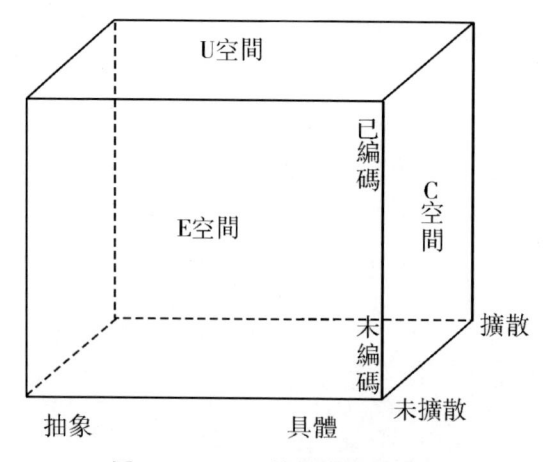

图 3-2 Boisot 的知識分類模型

[資料來源] Max H. Boisot. Knowledge assets: Securing competitive advantage in the information economy [M]. New York: Oxford University Press, 1998.

Ikujiro Nonaka[①] 構建了 SECI 模型，描述了顯性知識與隱性知識之間相互轉換的路徑，主要方法有：社會化、外在化、內在化與融合化（如圖 3-3）。

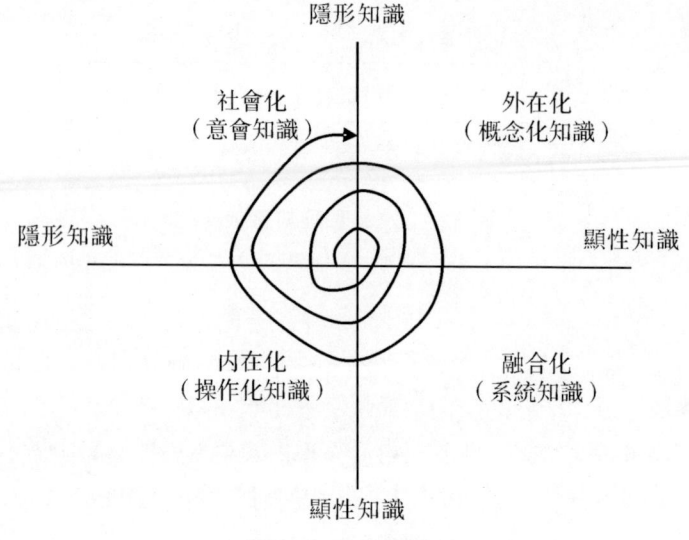

圖 3-3 SECI 模型

[資料來源] Nonaka, Ikujiro. The knowledge creating company [J]. Harvard Business Review, 1991, 69 (6): 96-104.

---

① Nonaka, Ikujiro. The knowledge creating company [J]. Harvard Business Review, 1991, 69 (6): 96-104.

Staples[①] 從知識形態方面對知識進行分類：計算機系統的知識；個體經驗知識；規則知識（具體的規章、流程與制度）；企業文化。林東清[②]分析了組織內外部知識獲取的途徑，其中內部知識獲取途徑為：知識地圖、員工與專家、能力地圖、工作經驗、非正式交際網絡；外部知識獲取途徑為：戰略合作、市場購買與非正式交際網絡。

3.3.2 知識來源模型

知識來源模型注重對知識來源的研究，並以此為切入點分析知識管理的過程。大量的文獻針對知識管理中不同來源進行了深入研究，但對於不同來源知識管理進行整合研究的較少，表 3-6 對知識管理來源進行了綜合與總結。

表 3-6   知識來源模型

知識來源	說明
員工知識	組織成員個體的經驗總結、知識累積與工作技能。
流程知識	整個業務流程管理過程中產生的相關知識。
業務知識	來自組織各職能部門的業務知識。
崗位記憶	不同工作崗位經過連續的記錄和累積生成的知識。
產品和服務知識	挖掘和引入包含在產品與服務中的知識。
組織記憶	對整個組織知識連續的累積與整合，常借助數據庫、數據倉庫、知識庫、案例庫等技術完成。
關係知識	個體成員超越組織的非正式交流產生的知識，如朋友聚會、校友會、各種俱樂部等。
客戶知識	整合客戶服務與客戶關係中產生的知識。
供應鏈知識	對整個供應鏈上產生的知識進行管理。
產業知識	產業間或同類企業間知識的收集與管理。
外部知識	與科研機構、外部專家合作，或從 Internet 獲取的知識。

3.3.3 智力資本模型

Skandia 模型是智力資本模型中的典型代表，他把智力資本劃分為人力資

---

① Jarvenpaa, S. L., Staples, D. S. The use of collaborative electronic media for information sharing: An exploratory study of determinants [J]. Journal of Strategic Information Systems, 2000 (9): 129–154.

② 林東清. 知識管理理論與實務 [M]. 北京：電子工業出版社，2005.

本與結構性資本（如圖3-4）。知識資本化以後可以對知識進行具體的量化管理與精確的考評分析，具有較強的應用性與可操作性。

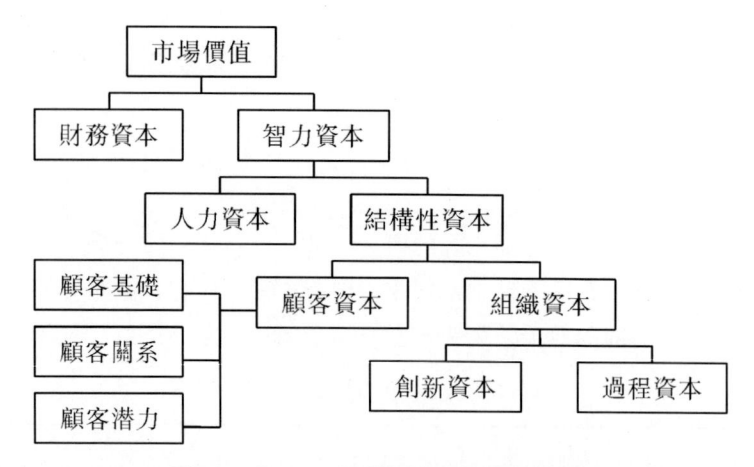

圖3-4 Skandia知識管理智力資本模型

［資料來源］葉茂林，劉宇，王斌. 知識管理理論與運作［M］. 北京：社會科學文獻出版社，2003.

3.3.4 知識管理過程模型

許多學者致力於對知識管理過程的研究，他們把知識管理過程劃分為不同的階段。這裡總結了大部分的模型，主要的過程和內容如下（如表3-7）。

表3-7　　　　　　　　　知識管理過程模型

過程	過程內容
獲取	收集、識別、過濾、選擇
整合	分類、提煉、解釋
組織	顯化、表示、轉化、編輯與編碼、標準化
運作	評估、交易、激勵、反饋、監督
傳播	轉移、擴散、學習、共享、內部化
創造	創新
運用	實現價值、改變行為、提高競爭力與適應力

3.3.5 知識管理實施模型

實施模型注重知識管理的實踐性與可操作性，多數是由管理諮詢公司開發，側重於分析知識管理實施的框架、步驟、應注意的問題及影響實施成功的

關鍵因素。這些管理諮詢公司往往借助信息系統或知識管理系統來推進知識管理的實施，主要的研究範式仍然源於信息化體系。還有一部分實施模型是由該領域的知識管理專家與學者開發的，他們深入研究了知識管理在各行業、各類型企業中的應用，如知識管理在大企業、中小企業、醫院、高校、政府等不同類型組織中的實施，並提出了有針對性的策略與指導意見，極大地推進了知識管理的實踐應用。

3.3.6 知識管理績效模型

知識管理績效模型關注的重點是知識管理對企業績效的影響。近年來在知識績效模型方面的研究日益豐富與深入，越來越多的研究範式趨向於實證研究，研究內容更為細緻與量化。

Leonard-Barton[1] 提出了知識建立的核心能力模式。他認為組織主要通過下列四種方式來創造與建立其核心的知識（如表 3-8）。

表 3-8　　　　　　　　構建核心知識的四個方面

構建方面	構建內容
問題解決： 當前知識創造	組織通過發明或分享一種嶄新、有創意及具有效率的方法來解決目前的問題，並產生新的知識。
實驗與雛型設計： 未來知識創造	實驗：是指組織為了研發新知識所不斷進行的實驗過程。 雛型設計：是指組織借助雛型設計快速、成本低的優點，對新的產品所進行的實驗及開發，以此形成研發新產品的能力。
引進與吸收： 外部知識創造	引進：是指組織通過外部專家的招募、專利權的購買或在網絡上擷取獲得外部新的知識，並引進組織。 吸收：是指組織聯合外部研究單位，並從中吸收對方的知識。
實施與整合： 內部知識創造	組織可通過項目的實施來獲取「干中學」的經驗與新知識，也可以通過創意來整合既存的各種知識。

［資料來源］Leonard-Barton, D. Wellsprings of knowledge ［M］. Boston：Harvard Business School Press, 1995.

影響組織知識管理建設的四個核心能力包括實體系統、管理系統、員工的知識與技能、企業的價值與規範四個方面（如表 3-9）。

---

[1]　Leonard-Barton, D. Wellsprings of knowledge ［M］. Boston：Harvard Business School Press, 1995.

表 3-9　　　　　　　　知識管理的四個核心能力

核心能力	核心能力內容
實體系統	分析組織內部的 IT 架構、組織架構、流程設計等是否能有效支持知識管理。
管理系統	組織的資源配置政策、酬償制度是否有利於新知識的創立、流通與分享。
員工的知識與技能	組織內是否有素質高、學習動機強、學習能力高、知識經驗豐富的員工來創造與建立新知識。
企業的價值與規範	有利於知識管理的價值與規範會影響員工的認知。如果企業組織具備以知識創造為導向的文化，則對於員工不遵從員工手冊，時常提出顛覆組織傳統的新思維等行為，是能夠接受的。

［資料來源］Leonard-Barton, D. Wellsprings of knowledge［M］. Boston：Harvard Business School Press, 1995.

Leonard-Barton 認為在四種核心能力中，愈外層的愈為內隱，影響力亦愈大，愈屬於基礎的知識管理面（如圖 3-5）。

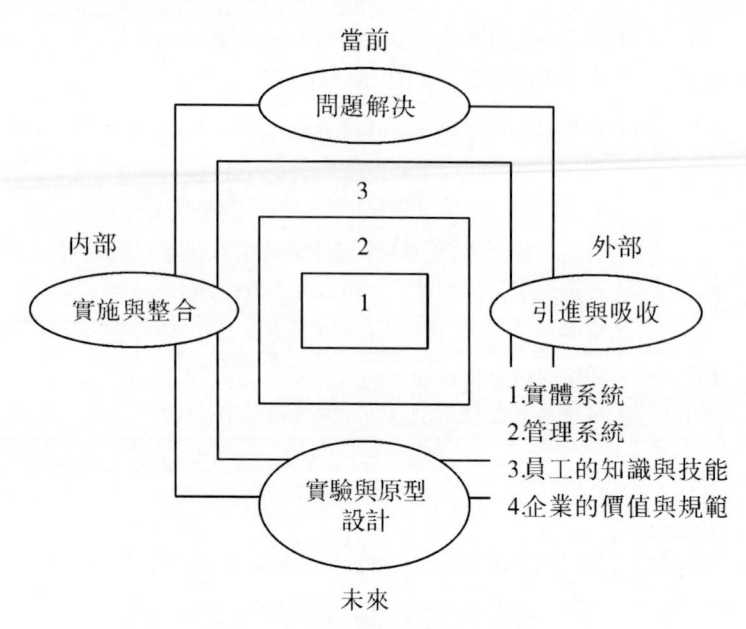

圖 3-5　知識管理核心能力層次

1.實體系統
2.管理系統
3.員工的知識與技能
4.企業的價值與規範

（當前／內部／外部／未來；問題解決、實施與整合、引進與吸收、實驗與原型設計）

［資料來源］Leonard-Barton, D. Wellsprings of knowledge［M］. Boston：Harvard Business School Press, 1995.

Gold, et al.① 從知識管理的基礎能力、流程能力和組織績效三個方面分析了企業知識管理能力。知識管理的基礎能力包括科技性方面的基礎能力、結構性方面的基礎能力和文化性方面的基礎能力；知識管理的流程能力包括知識獲取流程的能力、知識轉換流程的能力、知識利用流程的能力和知識保護流程的能力；組織績效表現在：對產品、服務的創新能力，發現、掌握新商機的能力，各單位對產品開發的協調能力，創造快速商品化的上市能力，對於環境突發改變的預期及快速調適能力，縮短市場反應時間的能力，控製內部流程的有效性能力，降低信息知識的重複性能力等方面（如表 3-10）。

表 3-10　　　　　　　　　　知識管理能力

知識管理的基礎能力	科技性	讓員工能快速、方便、有效地瞭解外部的競爭環境，與企業內外相關人士進行群組討論與協同合作，找到使用者所需要的新知識及儲存位置；能夠擷取內部產品或工作流程相關的知識，以及外部，特別是競爭者的相關知識等。
	結構性	部門間的互動機制與風氣良好，沒有本位主義，組織支持及鼓勵群體合作，注重團隊精神，不鼓勵個人英雄行為。組織支持新知識的創造、發現、傳遞與分享機制，以及建立部門間知識分享互動的流程等。
	文化性	讓員工瞭解知識對企業存活的重要性，形成全員高度參與知識分享的活動，鼓勵員工積極進行試驗與發掘新方法，重視擁有豐富知識的員工等。
知識管理的流程能力	知識獲取	具備創造新知識的能力、從項目中獲取經驗與教訓的能力、可以執行外部標竿學習及與夥伴知識交流的能力，以及具備執行內部最佳實務移轉的能力。
	知識轉換	能將知識轉化成新產品和新服務的設計、將知識轉化成對外的有效競爭策略與行動，或將組織的知識傳遞給所有相關的員工，以及能有效地歸納、整合、轉化、組織、更新各種來源的知識等。
	知識利用	有效利用學習到的經驗及教訓，來提高工作流程的效率或不再重複犯錯，能有效快速地將知識運用及發揮在新產品創新、問題解決、工作效率的提升上，能有效快速地將知識利用及發揮於可以偵測到的環境變化上，以及指導競爭策略上等。
	知識保護	應具備可以防止內、外部偷窺及不適當擷取知識的保護措施、員工保護智慧財產權的文化激勵措施，與完善的知識保護政策、程序與科技等。

---

① Gold A H., Malhotra A., Segars H. Knowledge management: An organizational capabilities perspective [J]. Journal of Management Information Systems, 2001, 18 (1): 185-214.

表3-10(續)

組織績效	產品、服務的創新能力。 發現、掌握新商機的能力。 各單位對產品開發的協調能力。 創造快速商品化的上市能力。 對於環境突發改變的預期及快速調適能力。 縮短市場反應時間的能力。 控製內部流程的有效性能力。 降低信息知識的重複性能力。

［資料來源］Gold A H, Malhotra A, Segars H. Knowledge management：An organizational capabilities perspective［J］. Journal of Management Information Systems, 2001, 18（1）：185-214.

Gold et al. 的研究表明，影響組織績效的主要有知識管理的基礎能力與流程能力。技術、結構與文化對基礎能力有正向作用；知識的轉化、利用與保護對流程能力有顯著影響（如圖3-6）。

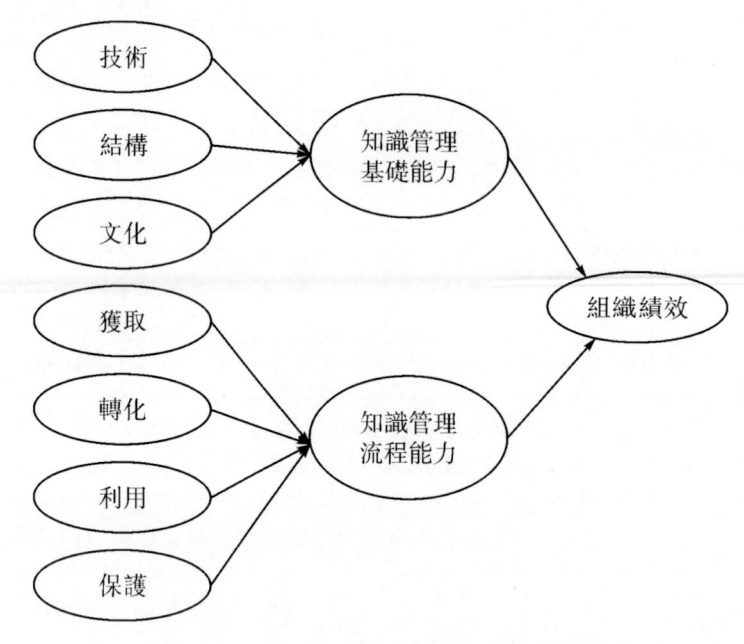

圖3-6　知識管理能力對企業績效的影響

［資料來源］Gold A H, Malhotra A, Segars H. Knowledge management：An organizational capabilities perspective［J］. Journal of Management Information Systems, 2001, 18（1）：185-214.

3.3.7　靈動管理

大部分知識管理研究都是從對象視角出發的，少數學者從方法視角或者方

法與對象的混合視角分析知識管理。僅僅加強對知識的管理是遠遠不夠的，應注意到知識對於管理模式與組織行為的影響。靈動管理認為要基於方法與對象的混合視角，從知識、管理模式（規則）、組織行為三方面來研究知識管理。最近的相關研究有：

（1）Paul Chinowsky，Patricia Carrillo[①]通過一個項目管理案例研究了知識管理與學習型組織之間的聯結模型，展示了知識管理與學習型組織之間的互動關係（如圖3-7）。

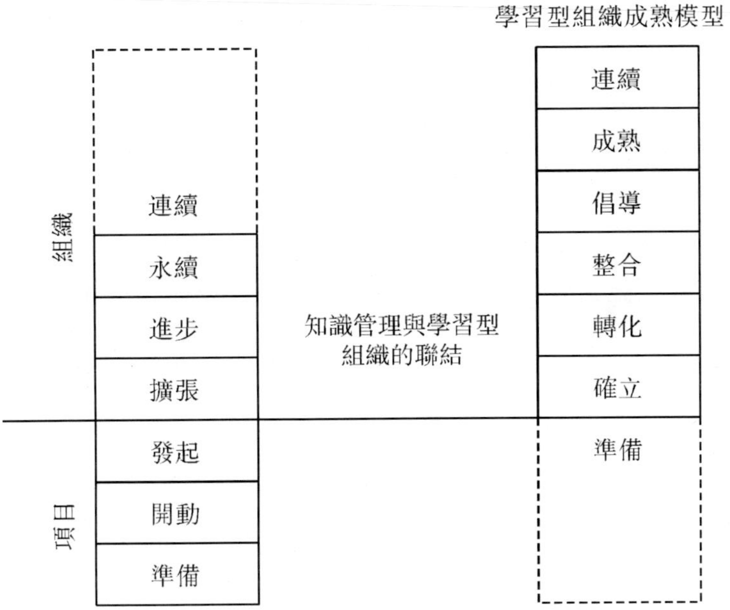

學習型組織成熟模型

組織	連續		連續
	永續		成熟
	進步	知識管理與學習型	倡導
	擴張	組織的聯結	整合
			轉化
			確立
項目	發起		準備
	開動		
	準備		

圖 3-7　知識管理與學習型組織的聯結

[資料來源] Paul Chinowsky, Patricia Carrillo. Knowledge management to learning organization connection [J]. Journal of Management in Engineering, 2007 (7): 122-130.

（2）Andreas Riege，Michael Zulpo[②]實證研究了某企業從工廠車間到中層管理的知識轉移循環，說明了通過知識來修正（管理模式）規則、提高效率的過程。這是一種用知識來進行管理的雛形（如圖3-8）。

---

① Paul Chinowsky, Patricia Carrillo. Knowledge Management to Learning Organization Connection [J]. Journal of Management in Engineering, 2007 (7): 122-130.
② Andreas Riege, Michael Zulpo. Knowledge Transfer Process Cycle: Between Factory Floor and Middle Management [J]. Australian Journal of Management, 2007 (12): 293-314.

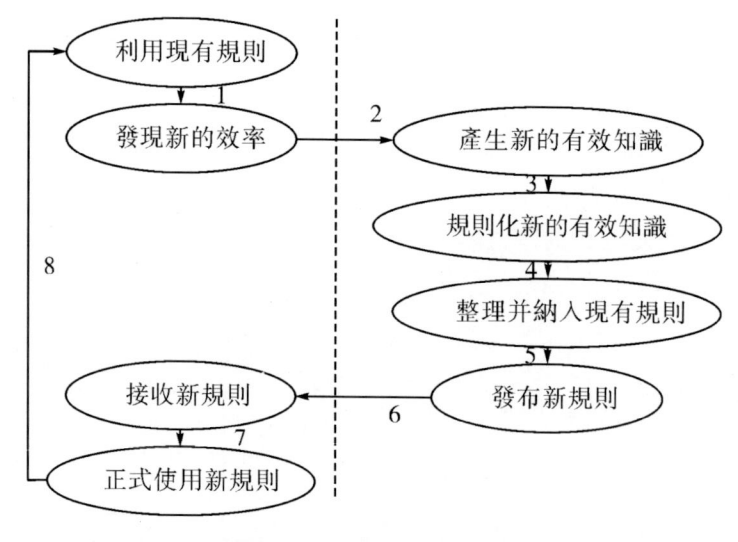

圖 3-8 知識的加工與流動

[資料來源] Andreas Riege, Michael Zulpo. Knowledge transfer process cycle: Between factory floor and middle management [J]. Australian Journal of Management, 2007 (12): 293-314.

3.4 知識管理評價、綜合模型與未來趨勢

我們看到，關於知識管理的研究經歷了概念的提出、知識的分類、各種知識管理思想和模型的建立、知識管理的評價和知識管理的實踐等階段。研究的範圍越來越廣泛，不再局限於信息系統、知識系統的範圍，更多的去研究知識的價值，研究如何去獲取、分享、創造、保護知識，使其發揮最大效用，提高企業競爭力，提高企業績效。

技術學派主要借助信息技術，搭建信息系統，以擴散組織知識。組織學習理論的發起人 Peter Senge[1] 認為這種知識管理並不是基於知識的管理，而是關於信息的管理，即如何獲得、存儲和檢索信息，是在管理知識的偽裝下推行信息技術。Rudy Ruggles[2] 指出大部分美國企業在推動知識管理時，僅側重以信息科技來收集、儲存、萃取和搜索知識，這種管理方式對於非結構性強的知識

---

[1] Peter M. Senge. Strategies and tools for building a learning organization [M] //The Fifth discipline fieldbook. Currency Doubleday, 1994: 233-356.

[2] Rudy L. Ruggles. Knowledge management tools: Resources for the knowledge-based economy knowledge reader series [M]. Butterworth-Heinemann, 1997: 115.

來講具有很大的局限性。

　　戰略與經濟學派認為沒有什麼最優的知識，知識應該隨環境變化而變化。知識應該在知識處理過程和商業運作過程中，不斷生成、傳遞、創新，產生新的價值。這種學派忽略了組織結構對知識運轉的阻礙。越來越多的實踐證明了組織結構會對知識管理產生較大的限制。

　　基於這樣的思考，Peter Senge 提出的學習型組織，把生產產品的企業變為創造知識的企業，給管理學界帶來了巨大的啟示。學習型組織成為了知識管理中研究的熱點，很多企業開始構建學習型組織。學習型組織追求的是一種境界或者一種狀態，本身沒有固定的模式。這種狀態很難量化和操作，也不便於管理和考評。要達到這樣一種狀態是一個系統化和漫長的過程，其付出和代價也很模糊。另外建設學習型組織，要求提倡者要耐得住寂寞，像苦行僧那樣，經過長期的修煉，才能領悟其中的真諦，與人的個性發揚和自由精神有一定衝突，在實施和深入研究中存在很多困難。一些學者開始考慮把傳統的知識管理與學習型組織結合，來進一步擴展知識管理的內涵。

　　問題在於，在知識經濟時代，知識正在取代資本成為更加重要的資源，知識正在影響著整個企業甚至整個社會的運作，未來的管理模式將產生巨大的變化，知識將為其打下深刻的烙印。傳統的知識管理側重於對知識的管理，這種管理思想忽視了知識、組織行為和管理模式的相互作用與影響。在傳統的框架內單單加強對知識的管理不利於知識作用的發揮，很多企業實施知識管理也未取得良好的效果；學習型組織追求一種企業應達到的美好境界，太過注重組織行為研究，也不利於知識管理的推行。綜合來看，需要整合這些理論結構對知識管理進行系統性的研究（如圖 3-9）。

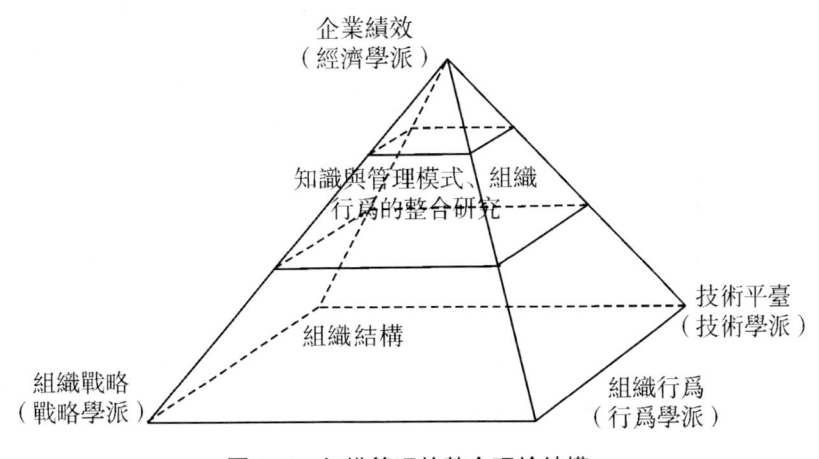

圖 3-9　知識管理的整合理論結構

在總結了各種模型的基礎上，我們建立了一個知識管理的綜合模型（如圖 3-10）。知識管理側重於知識的經營，學習型組織側重於行為的研究，兩者之間建立了連結的橋樑，共同完成組織的目標與知識資本累積，組織生存在一個大的外部環境中，必須與外部積極互動，吸取知識。組織目標受內部環境和外部環境共同影響，是動態變化的。企業內部環境對知識管理與學習型組織進行支持。

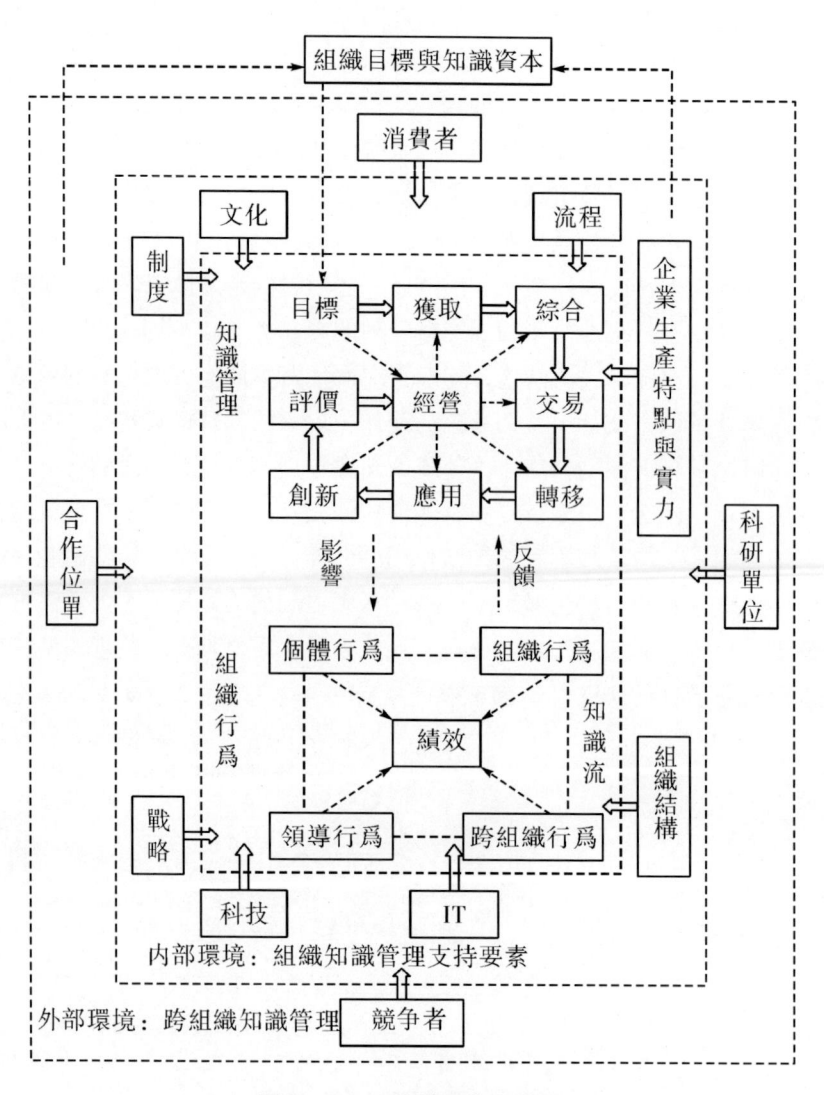

圖 3-10　知識管理整合模型

54　組織結構、個體行為與企業績效：靈動管理模式構建

未來的研究更多的關注知識與組織行為以及管理模式的相互影響和作用。張曉東[①]認為隨著環境、知識的改變，企業的模式也隨之改變，權力和結構依附於知識而不是特定的人和資本，知識相對於資本的獨立性愈強，更加強調以人為本的理念，強調人的積極性、主動性和創造性，這種靈動思想會日漸深入企業。靈動型組織不再重複以往的重組與變革：革新后形成新的規則，這本身又是一種人和物的固化，隨著發展又要被打破，不斷進行重組，陷入「打破—建立—固化—打破—……」這樣一種模式。這個過程中，新思想取代舊思想，新流程取代舊流程，新集團取代舊集團，必然要經歷一個動盪、混亂、革新陣痛甚至失敗的過程，付出的成本與代價很高。靈動管理要求圍繞目標建立以知識驅動規則的組織體系與管理模式，諸如現在的虛擬企業、柔性管理、學習型組織、知識管理都是知識驅動規則思想的一些實踐模式。這對於知識管理的深入發展具有重要的意義，知識管理從過多的關注技術，最終回到人本這個起始點上。知識是基於人的知識，組織的管理模式、行為規則必須是建立在知識的基礎之上，這樣把個體行為、知識與規則搭建成了一個有機交互的系統。

---

① 張曉東，朱敏. 組織結構對行為的影響及靈動模式研究 [J]. 科學學與科學技術管理, 2010（2）：57-64.

4 知識與規則視角的組織結構

4.1 組織結構的概念與維度

4.1.1 組織結構的概念

企業是現代經濟活動中最重要的單元，企業的組織結構是這個單元的骨架。人們對組織結構進行了大量的研究，常見的定義見表 4-1。

表 4-1　　　　　　　　　　　組織結構定義

研究者	定義
Chandler[①]	研究美國企業的成長過程后，得出企業的成長就是組織結構不斷變化的過程。當外部技術與市場發生變化時，陳舊的組織結構便遭到嚴峻的挑戰，必須及時進行組織變革來釋放組織結構對企業的約束，保證企業良好的發展。
Blau[②]	組織結構在考慮社會角色關係的基礎上，以不同的標準把組織成員分配到相應的工作崗位上。
Ranson[③]	認為組織結構是組織成員間相互作用的平衡體，組織結構是在組織成員相互作用的過程中形成與調整的，但這種組織結構也會對組織成員造成複雜的影響。
Robbins[④]	強調組織的功能特點，認為報告關係、任務分配、互動模式及協調機制都是由組織結構決定的。

[①] Chandler Alfred D. Strategy and structure: chapters in the history of the American industrial enterprise [M]. Cambridge: MIT Press, 1962.

[②] Blau, Peter M. On the nature of organizations [M]. New York: Wiley, 1974.

[③] Stewart Ranson, Bob Hinings, Royston Greenwood. The structuring of organizational structures [J]. Science Quarterly, 1980 (5): 1–17.

[④] Robbins S P. Organization theory: Structure, design, and applications [M]. Englewood Cliffs: Prentice Hall, 1983.

表4-1(續)

研究者	定義
Heinz Weihrich①	組織結構就是正式的職位結構與職能結構。
Henry②	組織結構是權力行使的媒介，作業與決策的框架，它極大的縮小了個體差異對組織的影響，有利於組織產生需要的輸出，實現組織目標。

4.1.2 組織結構的維度

長期以來，組織理論的研究者對組織結構的維度從定性與定量兩方面進行了深入細緻的研究，常用的組織結構維度包括：自治度、授權、權力分配、人員比例、協調機制、規範化、標準化、專門化、差異化、垂直幅度、控製跨度與複雜性等。

4.2 組織結構理論的發展

組織結構理論發展大致經歷了以下三個階段（如圖4-1）。

古典組織結構理論 → 新古典組織結構理論 → 現代組織結構理論

圖4-1 組織結構理論的發展階段

4.2.1 古典組織結構理論

在組織結構研究領域中，古典管理理論一直佔有支配地位，這種古典組織結構認為組織活動要由詳細的計劃與嚴格的規章制度來規劃安排，突出強調正式的、規範的層級結構。Frederick W. Taylor 提出了職能制組織結構，要求設置專業的職能部門，各職能部門要做到規範化與標準化。同時，由管理人員承擔專業的管理職能，一般的事務交給作業層完成，管理層只從事對下級的監

---

① （美）海因茨·韋里克，哈羅德·孔茨. 管理學：全球化視角 [M]. 英文版. 北京：經濟科學出版社，2005.

② Henry Mintzberg. The structuring of organizations [M]. Englewood Cliffs：Prentice Hall，1979.

督，以及例外和特殊事務的管理工作。Henri Fayol 建立了直線——職能制，使之成為一種經典的組織模式，並通過 14 項原則來確保組織的統一指揮與穩定發展（如表 4-2）。

通過合理—合法的職權觀點，Max Weber 證明了官僚制的合理性與優越性。他把官僚組織結構分為三層：決策層，處於組織最頂端，主要負責決策的制定；執行層，處於組織結構中間。這些中層管理者負責嚴格的監督與執行高層的決策；作業層，最底層的基層工作人員，主要從事各種業務工作。古典組織理論強調應用科學的、量化的方法，建立具有標準化、普遍性、嚴格管理的組織結構，大多研究集中在對組織結構的基本模式與根本原則的探索上。

表 4-2　　　　　　　　法約爾 14 項管理的一般原則

原則	原則內容
成員分工	分工是自然屬性，無論是技術工作還是管理工作均需分工，分工能提升工作效率，但分工應有一定尺度，可以通過經驗來把握這種尺度。
權力與責任	權力與責任是一體的兩面，責任是權力的必要補充與必然結果。要做到責權一致，並設計有效的激勵制度，促進對企業有益的行為，抑制不利行為的產生。
紀律	紀律是企業和員工指定的協議，包括員工對協議的態度與遵守協議的狀況。沒有紀律，組織難以成長。他把紀律看成企業興衰的關鍵，並提出了良好的紀律制定與執行建議：①紀律主要受領導人道德狀況的影響，領導的素質至關重要；②制定的協議要公平與明確；③協議具有合理的激勵能力。
統一指揮	下級只受命於唯一的上級。多頭管理會使組織混亂，任何組織都不應出現雙重管理的情況。
統一領導	追求統一目標的活動，只能有一個計劃，並且只有唯一的領導。
整體利益	他認為人的貪婪、無知、自私、懶惰以及衝動會使員工為了個人利益而忽視整體利益。個體利益要服從整體利益，成功實施的關鍵是：①領導的堅定與示範；②公平的協定；③有效的監督。
工作報酬	員工報酬制定的基本出發點是能夠維持員工最低生活消費並考慮企業的經營狀況。此外，還應根據員工貢獻來採取合適的報酬方式，報酬的制定應做到：①公平性；②具備激勵性，能激發員工的工作熱情；③不能形成工資剛性增長的動力。
集中	法約爾看來集權與分權是一個簡單的問題，想提高部下的作用就採取分權，若想要降低部下的作用就用集權，只是個尺度的把握問題。

表4-2(續)

原則	原則內容
等級	要從企業的最高權力層到最低作業層，建立一個不間斷的等級體系，明確各環節中的權力關係以及信息傳遞的路徑，要求信息必須按照組織的等級來傳遞。
秩序	設置員工能力可以得到發揮的崗位，並使員工在自己的崗位把能力發揮到最大。
公平	他認為公平就是善意而公道的對待員工。
穩定	員工需要一段時間才能適應新崗位，並良好的完成工作。要讓員工在崗位上穩定的工作一段時間，才能熟悉工作、瞭解環境、取得同事信任、發揮出自己的才干。
首創精神	自我實現是最有效的激勵員工積極性的方法，也是最能使員工獲得滿足感的要素，需要積極的、即時的、有強大的勇氣來促進與支持組織成員的首創精神。
團結	他認為自私自利、能力不足、追求個人利益都可能使員工失去團結。要加強組織團結，是組織成員的溝通更便利、更直接、更迅速、更清楚、也更融洽。

［資料來源］亨利·法約爾. 工業管理與一般管理［M］. 遲力耕，張璇，譯. 北京：機械工業出版社，2007.

4.2.2　新古典組織結構理論

在20世紀三四十年代出現的人際關係組織結構理論，其關注點更多轉向個體，注重個體行為分析，強調通過流通、交流、合作使組織成員融入管理中來。

20世紀中期，組織結構理論「列強紛爭」的叢林時代到來。有從古典組織結構理論發展而來的管理過程學派與科學管理學派提出的組織結構理論，也有從人際關係組織理論演進而來的社會系統學派和行為科學學派提出的組織結構理論，還有經驗管理學派和權變管理學派創立的組織結構理論。

4.2.3　現代組織結構理論

結構權變理論始於1960年，它結合了古典組織結構理論與行為科學組織結構理論，把管理者作為思考的中心，創立了一個組織結構研究的新範式。錢德勒（Chandler）、卡斯特（Fremont E. Kast）與羅森茨韋克（James E. Rosenzwig）等是結構權變理論學派的主要代表人物。結構權變理論把整個組

織系統看成是一個動態的開放系統，沒有最優的、普適的組織結構，組織必須根據情況靈活地對結構及時調整。系統方法和權變方法是權變結構理論的基本方法，結構權變理論認為組織結構構建與變更的主導力量是高層管理者，他可以主觀的選擇影響組織結構的權變因素來分析與調整。常見的影響組織結構的權變因素有組織規模、生產技術、組織發展戰略與外部環境。發展戰略具有一定的綜合性，其他各項權變因素均需要圍繞組織發展戰略展開。發展戰略已成為組織結構設計中最重要的權變因素。

在20世紀八九十年代，組織理論更多借助於經濟學的支撐。1986年在《組織經濟學：理解和研究組織的一種新的範式》一書中Barney和Ouchi用經濟學解釋了組織規模並創建了組織經濟學。經濟學中的三個理論對組織研究產生了重大影響：①Porter的比較優勢理論；②Williamson的交易費用理論；③Jensen和Meckling的代理理論。其中代理理論對組織結構研究的影響最大，Jensen認為代理理論會激起「一場在組織科學中的革命」。[1]

2000年后出現了許多新的結構理論，把核心競爭力和知識管理理論引入組織結構進行分析。能夠使一個組織比其他組織更好的特殊物質稱為獨特競爭力，[2] 這種核心競爭力是組織結構發展的重要原因，企業應該集中精力發展其核心的業務活動，圍繞核心競爭力來建設企業的組織結構[3]。科斯[4]認為企業制度是市場機制的替代物，增加組織費用與管理費用，節約交易費用，企業的規模與組織結構的合理化取決於組織成本與交易成本之和的最小化。在新技術的支持下，新的組織結構帶來了成本的降低，促進了組織的變革，諸多學者發展和深化了科斯的企業理論。我們看到，由於信息系統對組織成本的節約，支持企業規模變得更大，組織結構變得更加複雜，管理幅度變得更廣。借助於信息系統，出現了很多全球性的跨國巨頭公司；另一方面由於信息系統對交易成本的節約，支持一些企業變得越來越小，僅通過自己的核心能力來生存，其他業務通過虛擬企業來完成。這些企業規模更小，組織結構更加靈活與精簡。現代信息技術一方面促進了大企業的壯大，另一方面支持了比傳統意義上小企業更小規模的企業的出現（如圖4-2）。

---

[1] Donaldson L. American anti-managemant theories of organization: A critique of paradigm proliferation [M]. Cambridge: Cambridge University Press, 1995: 21.

[2] P. Selzniok. Leadership in administration [M]. New York: Harper & Rwv, 1957.

[3] C. K Prahalad, Gary Hamel. The core competence of the corporation [M]. Harvard Business Review, 1990, 68 (3): 79-91.

[4] R. H. Coase. The nature of the firm [J]. Economica, 1937 (4): 386-405.

信息系統支持的組織界限

傳統組織界限

小　　　組織規模與組織結構　　　大

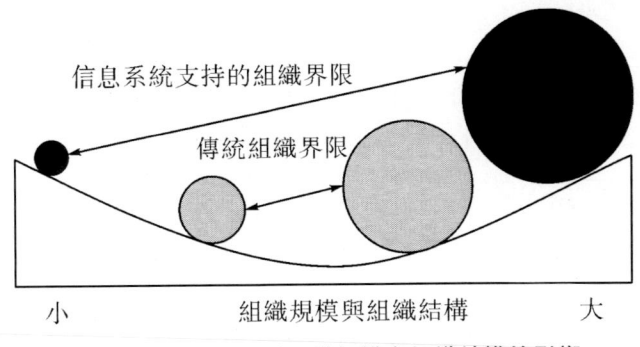

圖 4-2　信息系統對組織規模與組織結構的影響

一些研究把企業看作是一個團隊①或者是一種委託代理關係②。張維迎③從企業家—契約理論來分析企業制度，將契約理論與企業家理論結合起來。Chandler④認為企業的組織結構直接關係到企業戰略是否可以得到有效的執行，得出戰略決定結構，結構必須追隨戰略的結論。

企業知識理論認為知識決定了企業的性質、結構與邊界⑤。在 Demsetz⑥看來，獲取知識比使用知識更為專業，屬於知識經濟學中一種非對稱的基本反應，組織要協調擁有不同類型知識的個體成員來完成生產經營活動。市場面對顯性知識的易流失與隱形知識的難流動無能為力，不具備像企業一樣的協調能力。Kogut, Zander⑦認為組織是一個傳輸和創造知識的系統。企業不能通過增加雇員來不斷擴張知識，知識不僅存在於個體成員中，更多的存在於組織與管理規則中，企業能夠比市場更快、更好的傳遞、共享與創造知識。Grant⑧指出，組織的核心功能並非知識的創造，而是知識的應用。他把企業看作是一個

---

① A. Alchian, H. Demsetz. Production information costs and economic organization [J]. American Economic Review, 1972, 165 (5): 777-795.

② M. Jensen, W. Meckling. Theory of the firm: Managerial behavior, agency costs and ownership structure [J]. Journal of Financial Economics, 1976: 305.

③ 張維迎. 企業的企業家—契約理論 [M]. 上海：上海人民出版社, 1995.

④ Chandler, Alfred D. Strategy and structure: chapters in the history of the American industrial enterprise [M]. Cambridge: MIT Press, 1962.

⑤ Pavitt, K. Technology, management and systems of innovation [M]. Cheltenham: Edward Elgar Publishing Limited, 1999.

⑥ H. Demsetz. The theory of the firm [M] //Revisited in O. E. Williamson, S. G. Winter (Eds). Oxford: Oxford University Press, 1991.

⑦ Kogut, B., U. Zander. Knowledge of the firm, combinative capabilities, and the replication of technology [J]. Organization Science, 1992, 3: 383-397.

⑧ Grant, Robert M. Toward a knowledge-based theory of the firm [J]. Strategic Management, 1996 (17): 109-122.

知識整合的機構並研究了知識整合的機制，組織中不同成員的知識能夠被企業這種機制所整合。Liebeskind[①] 用對知識的保護來解釋企業存在的理由，他認為企業與市場相比更能保護知識不被盜用和模仿，企業戰略的核心便是要具備這種保護能力。Tsoukas[②] 更強調企業是一個傳遞知識的機構，怎樣使組織成員獲取不能提前掌握與瞭解的知識是組織的重要問題。程德俊，陶向南[③]認為知識分佈影響企業組織結構，知識管理客觀上要求組織結構作出變革。

4.3 組織結構模式

組織結構的形式多種多樣，常見的組織結構模式有：直線制、職能制、直線職能制、事業部制、矩陣制、模擬分權制、企業控股制與網絡結構（如表4-3）。

表 4-3　　　　　　　　　　　組織結構模式

結構名稱	結構內容	結構圖
直線制	採取自上而下的垂直領導，不設專門的職能機構，所有管理職能集中於高層管理者，高度集權，對主管技能與知識要求高，適合於知識能力小，生產工藝簡單，規模較小的企業。	
職能制	設立職能機構協助管理，職能部門在權力範圍內向下級單位施號發令，下級單位不僅接受上級主管的指揮，同時接受各職能部門的領導，組織管理較為繁雜，多頭管理，責權不明。	

---

① Liebeskind, J. P. Knowledge, strategy, and the theory of the firm [J]. Strategic Management Journal, 1996 (17): 93-107.

② Tsoukas H. The firm as a distributed knowledge system: A constructionist approach [J]. Strategic Management Journal, 1996, 17: 11-25.

③ 程德俊，陶向南. 知識的分佈與組織結構的變革 [J]. 南開管理評論, 2001 (3): 28-32.

表4-3(續)

結構名稱	結構內容	結構圖
直線職能制	結合了直線制與職能制的優點，減輕了高層領導的負擔，發揮了專業化管理的優勢，保持組織穩定與統一，職能部門的橫向聯繫與溝通較少。	
事業部制	事業部制適合於多元化的集團公司，按照產品、客戶、地區等分成獨立的事業部門，實施自主管理、單獨核算、自負盈虧，實現了進一步分權。	
矩陣制	從組織結構上來看，橫縱結合。橫向按照職能部門來管理，縱向按照產品線或項目組來管理。接到項目后，從各職能部門抽調項目成員實施，項目完成后組織解散，成員返回原部門。適合於產品或服務變動大的如科研、工程項目類，能保證高度的靈活性與專業性。	
模擬分權	針對一些規模大、部門多，但又難以事業部化的企業，為激發各個部門的活力，通過制定內部交易價格體系來模擬市場。	內部交易價格體系

4 知識與規則視角的組織結構　63

表4-3(續)

結構名稱	結構內容	結構圖
集團控股制	通過企業之間控股、參股，形成由母公司，子公司和關聯公司組成的企業集團。各個分部具有獨立的法人資格，是總部下屬的子公司。一些大公司超越企業內部邊界的範圍，在非相關領域開展多種經營，對各業務經營單位不進行直接管理和控製，是一種只在資本參與的基礎上進行持股控制和具有產權管理關係的組織結構形式。	
網絡結構	組織結構像一個運動競技隊，總經理是教練，各職能與業務部門組成一個平等的網絡團隊，總經理做指導、輔助與激勵，充分發揮每個成員的能力。	

◎ 總經理　　○ 業務部門　　□ 職能部門　　⬚ 項目組

4.4　知識在組織中的變化

　　一般的組織理論認為環境決定了權力在組織中的分佈。集權型組織適合於連續變化或者較為穩定的生存環境，分權型組織則更適合於間斷性變化和不確定性強的環境。但是不少學者注意到一個問題：為什麼在相同的環境中，有的企業採取分權式管理，而有的企業則用集權式管理，並且都取得了成功？為何在企業發展的初期大多使用集權型管理，而在企業發展壯大后不約而同的開始進行分權化管理呢？傳統組織理論僅僅分析了集權型組織與分權型組織各自的優缺點，對於剛才提到的問題卻難以解釋，但現實中的管理實踐者更需要一種明確的、可操作的分析構架。目前學者們把分權與集權形成的原因研究更多的

投入到對知識在組織中變化的考察上來，認為權力在組織中的分佈與知識在組織中的變化密切相關。筆者通過對大量文獻的分析，提出了知識在組織中的變化階段。

4.4.1 科學管理之前——知識集中於員工

科學管理之前企業還未形成真正的管理層，工人幾乎掌握全部的生產知識與技術，知識的傳遞一般通過師傅帶徒弟的方式來進行。企業主僅具備了產權與決策權，缺乏相關的管理與生產知識，難以對企業經營活動展開有效的監督與管理，難以設計適合的工作量與勞動報酬率來激發工人的積極性。由於工人的時間、精力、資源有限，難以對其知識進行重大的改進、總結與發展，僅通過徒弟傳遞下去，知識的生產率長期難於提升。這個時期知識與權力相分離，知識集中於工人，權力集中於企業主，致使生產經營效率長期低下。

4.4.2 科學管理階段——知識集中於管理層

這一階段企業中逐漸出現專業的職能部門與專門的管理人員，企業把知識從員工轉移到管理層來提升企業作業與決策的效率，強調用科學的管理取代原有的以個人經驗與個體意見為主的管理。大量的經過長期累積的經驗、技能與知識被管理人員整合起來，制定成規範的文件與制度，然后在企業中執行。更多的知識與工作實現了從工人到管理層的轉移，管理層掌握了大部分知識與決策權，能夠對整個組織進行指揮協調，使知識的整理與開發更加專業化、更加快速，極大地提高了企業生產率。

4.4.3 知識經濟時代——知識向員工迴歸

隨著知識經濟的到來，知識成為企業中最重要的資源，比資本、勞動力和土地更為稀缺。知識除了應用於作業與工具外，還更多的實現了知識到知識的直接應用。組織成員從文案型與體力型轉變為知識型，知識重新迴歸到員工，可以實現靈活的自主決策與管理。企業結構形成一個扁平的開放網絡，權力更加分散，不再依賴於固定的個體，而是隨知識的轉移而變化。權力不再是獨立變量，它與知識緊密結合在一起，實現了權力與知識的統一。

4.5 知識與規則視角的組織結構分析

企業的組織結構是組織成員相互合作生產的方式，同時也是企業資源和權

力分配的載體。從資本的累積到資本的擴大，從知識能力的弱小到強大，企業對組織成員工作能力的要求在改變，組織的資源與權力在不斷調整與重新分配，企業的規章制度也不斷發生著變化，企業的組織結構正經歷著深刻的變革。組織的核心優勢並非簡單的減少交易成本，而是能夠以完全不同於市場的邏輯來整合某種經濟活動，特別是整合不同個體的知識於生產產品和服務的過程中，其中意會知識是難於溝通和傳輸的。組織的效率取決於如何以最小化的成本來使用規則、慣例和其他整合機制，來達到減少知識傳輸和溝通的成本的目的。企業通過知識與規則來進行管理，組織結構是知識管理與規則管理的融合體。關於知識與規則的概念很多，前面的章節已經對規則與規則密度做了詳細說明，為了明確研究對象，這裡對知識與知識能力做必要的規範與解釋。同時為了便於研究，分別用知識能力和規則密度來測量知識管理和規則管理的程度。現在的組織，不僅是生產的方式，也是組織成員生活與存在的方式，不僅生產產品獲得報酬，也體現了成員的理想與價值、尊嚴與意義。

4.5.1 知識與知識能力

知識：解決問題的方法，說明應該怎麼做，以個體為本，注重個體的積極性、主動性、創造性。企業知識能力的衡量與評價已變得日益重要，它能促進組織學習，優化戰略的制定，更好地滿足客戶的需求[1]。學者們提出了一些衡量的方法，比如 Ahn, Chang[2] 制定了 AP3 方法來評估知識貢獻，從產品和工藝兩方面結合來考慮知識能力。L.M. Gonzalez, R.E. Giachetti, G. Ramirez[3] 提出知識管理系統平臺：把知識納入日常運作系統，考核不同知識資源的價值。我們把企業知識能力作為一種動態能力，重點不在於考慮或者分析現有的知識存量，而是從知識獲取、知識轉化（分享、創新、應用）和知識收益三方面來衡量企業知識能力（如圖4-3）。知識能力越強代表在知識獲取、轉化和收益方面的能力越高，知識管理的程度越高。

---

[1] B. Marr. Measuring and benchmarking intellectual capital [J]. Benchmarking, 2004, 11 (6): 559-570.

[2] J. H. Ahn, S. G. Chang. Assessing the contribution of knowledge to business performance: The KP^3 methodology [J]. Decision Support Systems, 2004, 36 (4): 403-416.

[3] L.M.Gonzalez, R.E.Giachetti, G.Ramirez. Knowledge management centric help-desk: specifications and performance evaluation [J]. Decision Support Systems, 2005 (40) 2: 389-405.

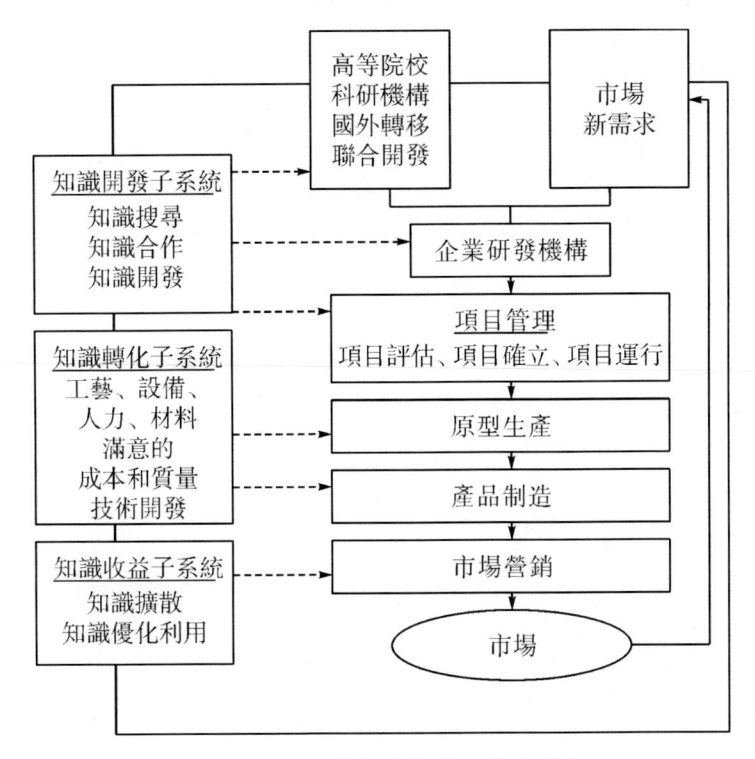

圖 4-3　以知識能力衡量的管理系統

4.5.2　知識與規則在組織中的作用

在市場中，各種事件的發生直接影響某個商品市場的供給或者需求，而不會直接影響其價格和成交量。這個市場的供給與需求共同決定了這個商品市場的均衡價格和均衡成交量。各個商品的價格形成了一個價格體系，這個價格體系會影響到個體、企業乃至國家的行為因而導致一系列的事件（如圖4-4）。

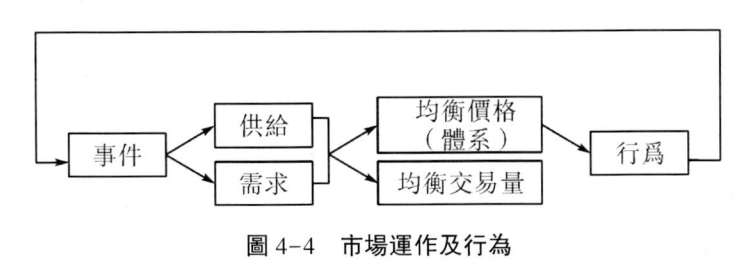

圖 4-4　市場運作及行為

企業內部的運作方式完全不同於市場，規則及其制定體系會影響內部價格體系，這種價格體系以及個體所具備的知識會影響個體的行為，個體的行為決定了組織的績效，績效結果反過來影響規則的制定與生成。規則伴隨著資源的

配置，內部資源的配置反應出來不同行為的價格，這個價格調節導引著個體的行為；另一方面組織個體成員所掌握的相關生產知識或者管理決策知識也能夠指導其行動，影響其行為（如圖4-5）。

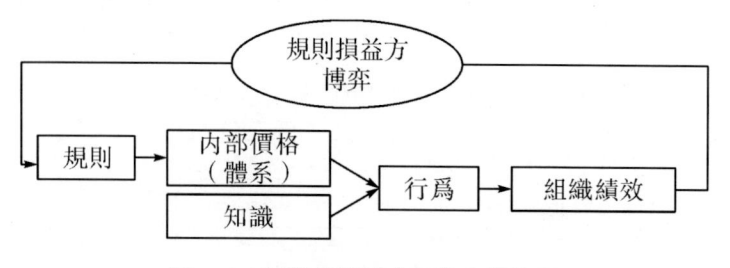

圖4-5 知識與規則在組織中的作用

4.5.3 知識與規則視角的組織結構

從知識能力與規則密度兩個方面來標誌和度量，可以將組織結構劃分為以下四種類型（如圖4-6）。

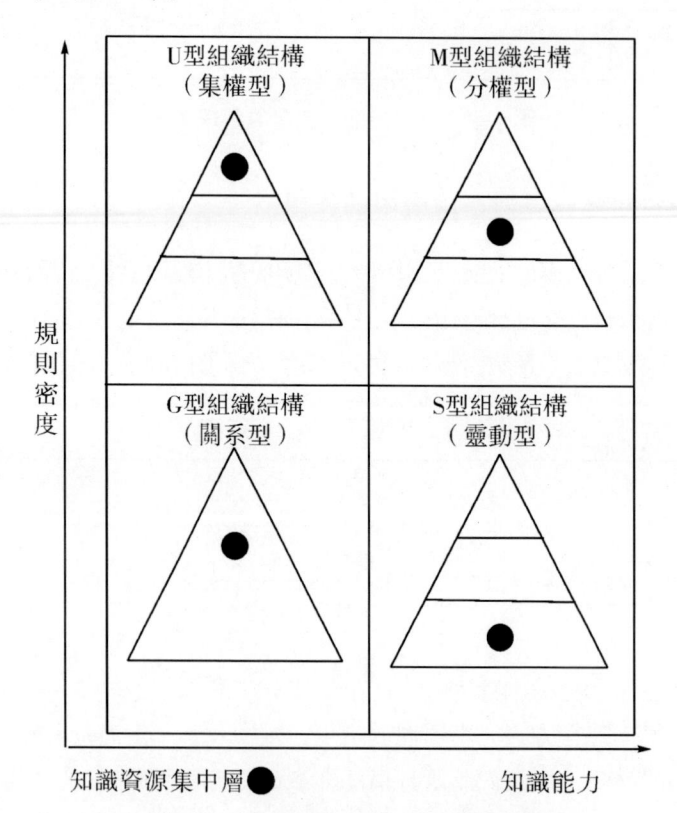

圖4-6 知識與規則視角的組織結構

（1）關係型組織結構

關係型組織結構（G型）的規則密度很小，管理不健全、不規範，沒有正式的規章制度，管理層次較少，管理幅度較大。關係型組織所具備的知識能力很小，核心優勢是某一方面較少的知識或者資本，是一種知識能力和規則密度都比較小的組織結構。企業主要是由少數關鍵人物占主導地位，這時企業的知識主要集中於少數的創新者，企業也一般是將權力高度集中於創業者和管理層。

關係型組織結構的典型代表如家族化經營模式，也常常成為創業的首選模式。在創業階段，公司基本上是單人決策式經營，其組織結構相對簡單，組織層級扁平化，企業也具有較強的經營靈活性和較高的風險抵禦能力。與其他組織形式相比，家族血緣關係是一種具有明顯比較優勢的廉價組織資源，從而降低了組織制度成本。實踐證明這種組織形式在家族式民營企業的創業初期是有效而成功的。一般創業初期具備了很少的知識，甚至只是一點資本的累積，便可以成為企業成長的關鍵優勢。「家長」親手創業，因其具有豐富的閱歷和敏銳的洞察力，決策基本靠個人經驗和直覺，因此決策迅速。家族企業高度集權，組織結構簡單，沒有龐大的金字塔式的結構，組織規範程度低，缺少正式的規章制度，沒有標準化的流程，便於命令的快速傳達、決策的貫徹執行和迅速抓住市場機會，可以在較低的管理成本上取得較大的效益。組織結構主要依靠「家」作為團隊來構建和培養團隊精神，組織成員的選擇以「家長」信任的親信為主。

這種管理層次較少、管理幅度寬的結構和「家」團隊管理大型公司的經驗、能力、水平的缺乏，會影響到企業的業績。競爭不斷加劇，使得起家時僅有的優勢逐漸減弱，知識的重要性凸現出來，而這種關係型組織中集中的決策機制和「家」團隊的治理結構會在很大程度上抑制創新、排擠知識。

（2）集權型組織結構

集權型組織結構（U型）的典型代表如職能式組織，適合於外界環境變化小，技術相對穩定，知識能力較小的情況。創業者的知識在企業中間得到有效的傳播，員工在實際的操作過程中不斷地累積專有知識與隱性知識，組織規模擴張。其目標在於最優化利用已有的知識，促進內部效率的提升和技術專門化發展。將企業的全部任務分解成分任務，並交給相應部門完成，通過制度化、規範化、標準化來發展規模經濟，正式的權力和影響來自於職能部門的高層管理者，縱向控制多於橫向協調，正式溝通多於非正式溝通，規則密度大。

在企業發展壯大階段，組織結構以直線職能制為主，公司的管理層大多是

家族成員。隨著公司規模的繼續擴大，其管理相對複雜化，公司開始引進一些職業管理人員，原有的企業組織制度不再適應企業的發展，甚至阻礙了企業的進一步發展，於是企業開始步入向現代化企業制度轉變的改制階段，組織逐步規範化、標準化，適應規模大、知識能力小的環境。不足在於該模式對內外部新的信息的吸取緩慢，對外界環境變化的反應遲鈍，缺乏對個體及其差異化的關注，阻礙了知識的產生。

（3）分權型組織結構

分權型組織結構（M型）根據知識能力的大小進行不同程度的分權，如：事業部制、控股公司制、矩陣制等。常見的是事業部門型組織結構。這種結構根據業務按產品、服務、客戶、地區等設立半自主性的經營事業部，公司的戰略決策和經營決策由不同的部門和人員負責，使高層領導從繁重的日常經營業務中解脫出來，集中精力致力於企業的長期經營決策，並監督、協調各事業部的活動，評價各部門的績效。

企業裡部門間的溝通大多是通過正式制度安排來進行的，知識與權力集中在各職能部門與業務部門的管理層中，知識主要自上而下的灌輸。與U型結構相比較，M型結構具有知識治理方面的優勢，適合產品、生產技術等多元化的發展戰略，相對而言知識能力與規則密度都較大，企業的知識能力強。企業的擴張與發展瓶頸在於知識，要求企業的規則密度逐漸變小，並增加員工的自由度和權力，鼓勵知識的產生。

（4）靈動型組織結構

知識經濟時代，貨幣資本大規模累積，知識成為企業競爭的關鍵性稀缺資源，知識資本取代貨幣資本成為企業組織結構的核心，知識替代資本成為價值的增長源與經營風險的主要承載體，擁有剩餘索取權和剩餘控製權。雇員隊伍的重心從體力型員工和文案型員工迅速轉向知識型員工。靈動型組織結構（S型）中知識主要集中在員工中，知識型員工能夠靈活地進行自主管理與決策，知識重新迴歸到員工，知識與決策權集成起來。

知識能力成為企業能力的核心，企業的規則密度逐漸變小，企業的行為方式、結構、習慣、程序、流程等規則必須是基於知識的，由知識來驅動和支持的，組織結構呈現規模更小、更加扁平化、更加多樣化、更加靈活化與個性化的趨勢。企業的邊界也將按照知識來重新定義與調整。

5 個體行為分類

5.1 個體行為概要

　　個體成員的有機結合構成了組織，個體行為及其動因、個體間的相互作用、個體與組織的關係均會對組織行為造成巨大的影響。Harvey Leeibenstein[①]認為，新古典模型中關於廠商的理性人假定存在問題，廠商本來無所謂理性，廠商作為一個組織，是由個人組成的，只有個人理性集合成一個集體理性，才稱得上是組織理性。個體行為是恰當的研究單位。個體是指組織內部的某一單元，它可以是一個員工，也可以是一個部門，或者是其中一個更小的組織。

　　管理從最初的作業管理，發展到職能管理，逐漸開始注重結果的績效管理，又到流程與供應鏈管理，最后落到規則分析與行為研究上（如圖 5-1）。

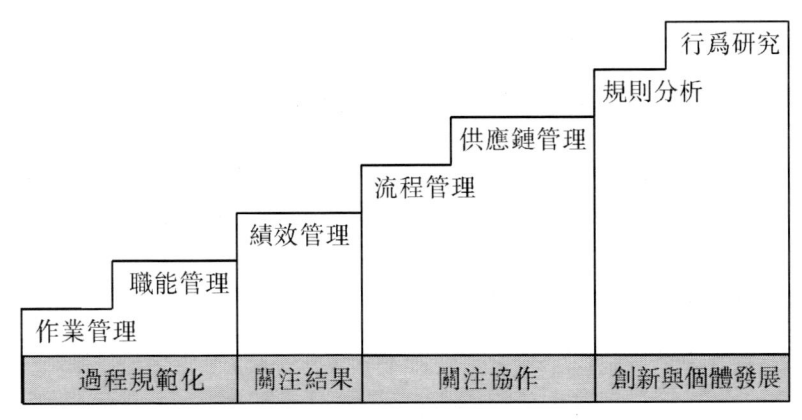

圖 5-1　管理研究對象的發展

---

　　① Harvey Leeibenstein. Property rights and x-efficiency: Comment [J]. American Economic Review, 1983, 83: 831-842.

5.2 個體行為研究模型

5.2.1 個體行為一般結構模型

個體行為的一般結構由行為的取向、目標、動機、戰略、策略及效應六個重要的因素構成。行為取向指個體行為的目標與使命；行為目標指個體為了實現行為取向使命所要完成的任務；行為動機指組織成員個體實現目標的動力；行為戰略指個體行為的總體規劃與方向；行為策略是個體行為在行為戰略規劃下的詳細對策；行為效應指個體行為達到的結果與產出。在個體行為的一般結構中，個體行為從行為取向開始，到行為效應結束（如圖5-2）。

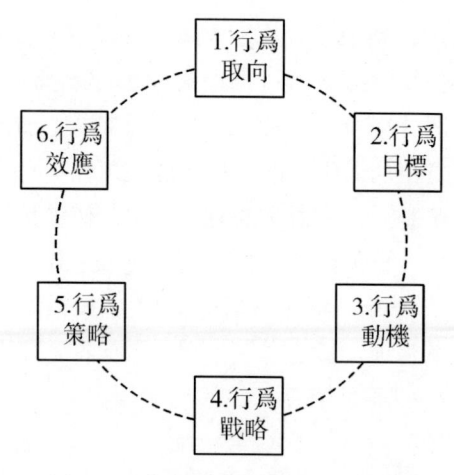

圖5-2 個體行為分析的一般結構

5.2.2 個體行為影響因素模型

個體行為是個體對客觀事件做出的反應，而致因因素則是導致不同個體產生行為的原因，它通過對個體反應過程中各個環節的作用而導致最終的具體行為。將描述個體行為反應的認知模型與影響個體行為的致因因素相結合，體現了個體行為產生的整個過程（如圖5-3）。個體認知過程分為感知、決策和行動三個階段，並且每個階段都受到行為致因因素的作用。從最終的個人行為模式出發，並對行為產生過程的各個環節進行分析，便可辨識出具體的行為致因因素及其所屬類型。模型中致因因素分為個人因素、組織因素、環境因素和技

術因素四大類。①

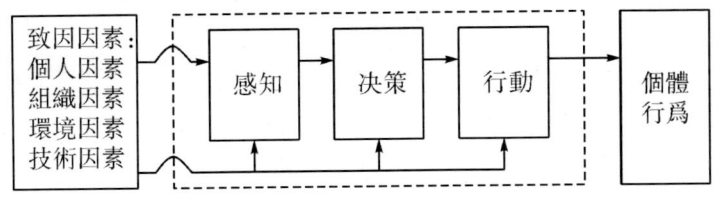

圖 5-3 個體行為產生與影響因素圖

[資料來源] Kubota R, Kiyokawa K, Arazoe M, et al. Analysis of organisation-committed human behavior by extended CREAM [J]. Cognition, Technology & Work, 2001 (3): 67-81.

5.2.3 個體行為複雜系統模型

人們逐漸認識到個體行為是一個多因素、多層次、多變化的複雜系統，各行為之間相互關聯、相互演化，行為與環境之間相互作用。它的特徵是具有不確定性、不穩定性、非線性、多因素性、重疊性等（如圖 5-4）。

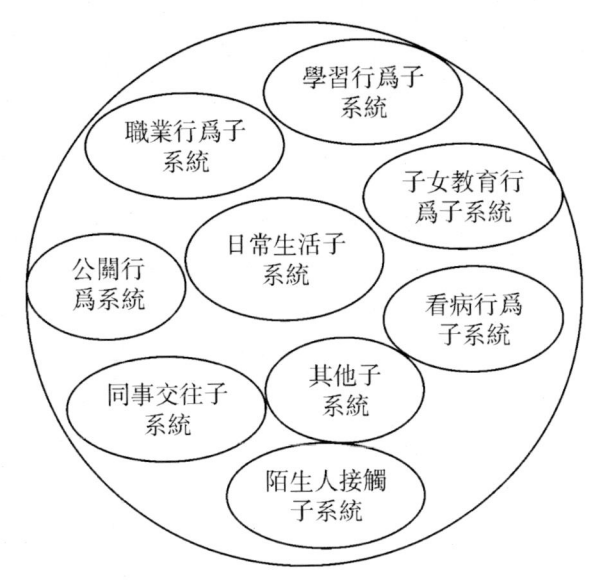

圖 5-4 個體行為複雜系統

[資料來源] 雷曜. 複雜系統中的人——組織行為初探 [J]. 清華大學學報：哲學社會科學版, 2000 (5): 38-42.

---

① Kubota R, Kiyokawa K, Arazoe M, et al. Analysis of organisation committed human behavior by extended CREAM [J]. Cognition, Technology & Work, 2001 (3): 67-81.

雷曜①結合心理學、社會學、經濟學與政治學對個體行為進行了分析，他關注個體行為的適應力與創造力，構建了複雜人的行為分析模型。胡斌等②通過 QSIM 算法與集成定性因果推理法對群體行為進行了預測與模擬，詳細描述了群體行為產生的知識，並定性分析了群體行為變化的過程和具體的算法與規則。王志明和胡斌③從定性與定量、宏觀與微觀多角度研究了個體行為的複雜系統，用元細胞自動理論模擬個體行為，並構建了行為適應性學習能力模型，為個體行為分析提供了可行的預測方法。張龍學，劉洪④經過計算機模擬與數學分析，建立了多智能體組織行為模型，分析了個體行為受組織規模、組織分配策略、個體偏好與協作水平的影響程度，奠定了多智能體組織在管理模式與行為規律方面的理論基礎。羅賓斯⑤在深入研究個體行為的影響因素後，建立了個體行為模型：個人行為 =f（學習與能力、價值觀與態度、人格與情緒、認知與決策、動機）。控製論專家斯塔福德⑥認為真正的複雜性體現在人自身的複雜性上，而非問題本身的複雜性。人類行為的複雜性給組織運作增添了不可描述性、不確定性及不可預見性。

5.3　個體行為分類研究

　　總的來看，個體職業行為是現有個體行為理論主要的研究對象，具體包括：個體職業行為動力、個體職業行為動機與群體職業行為動力。隨後的研究中以「複雜人」假設為基礎，分析了組織中個體成員的各種職業行為，研究細緻而深入。但仍然存在的問題是，沒有關注個體職業行為與非職業行為之間的聯繫，忽視個體對組織的需要與個體其他需要之間的關係，缺乏對個體行為的系統化思考。實際上個體職業行為與非職業行為密不可分，同時個體在不同

---

① 雷曜. 複雜系統中的人——組織行為初探 [J]. 清華大學學報：哲學社會科學版，2000 (5)：38-42.
② 胡斌，夏功成. 集成因果推理和 QSIM 的人群行為定性模擬 [J]. 工業工程與管理，2004 (3)：32-36.
③ 王志明，胡斌. 複雜系統下群體行為的建模與模擬 [J]. 武漢理工大學學報：信息與管理工程版，2005 (6)：148-152.
④ 張龍學，劉洪. 多智能體組織中個體行為的影響因素研究 [J]. 複雜系統與複雜性科學，2004 (4)：53-61.
⑤ （美）斯蒂芬·P·羅賓斯. 組織行為學 [M]. 北京：中國人民大學出版社，2005：165.
⑥ Stafford Beer. Cybernetics and management [M]. London：English Universities Press, Wiley, 1959.

時期的行為也相互關聯，它們共同形成一個複雜的行為系統。因此要求現有的個體行為理論與研究範式必須有新的突破，不能拘泥於局部的、瑣碎的研究，而要從整體的系統觀來研究個體的不同行為之間的關係及其特徵。

《超越再造》一書中哈默[1]提出了工作活動劃分的三種類型：

①增值活動，客戶願意為此付錢的工作。包括為客戶創造所需商品與服務的所有工作；

②非增值活動，不能為客戶創造價值的活動。非增值活動對於增值活動來講是必不可少的，它為增值活動提供潤滑劑，使增值活動結合在一起並能順利地進行。比如檢查、控製、監督、審查、報告、聯絡等日常行政管理活動，它們一方面為增值工作服務，另一方面也產生如拖延、刻板、誤差、僵化與官僚等負面作用。對這些非增值活動要做仔細分析，不能完全消除，一些非增值活動的失去會使整個組織流程崩塌，需要盡量把它們的負面影響降低到最小；

③浪費，既不增值也對增值工作無幫助的活動。這些活動對顧客和企業內部都毫無價值，需要被徹底消除。

哈默用蛋殼作了一個隱喻：工業經濟中組織部門把流程打破，形成了一個個微小的單元與任務，就像打碎的蛋殼碎片一樣，要使它們再組成一個完整的蛋殼，就必須要有粘合劑來粘合碎片，非增值活動就起到了類似於粘合劑的作用。新粘合的蛋殼是不穩定的、十分脆弱的，其中每一處縫隙都是風險的來源。為了解決這個問題，需要將碎片盡量擴大，使每個工作職位具有更多的增值活動。即使每個組織成員無法執行一個完整的流程，但至少要使每個成員能夠全面地關注與瞭解整個流程。應該以流程為中心，為增值工作創造更多職位，並逐步減少非增值工作。

哈默的工作活動劃分給人們帶來了有益的啟示，對合理分析個體的行為與活動有巨大的幫助，但是也存在兩個具體的問題需要深入研究：一是哈默的分類更多的是關注個體行為對外部客戶是否增值，側重於對個體行為的增值性分析。我們發現增值性活動並不是一個獨立變量，它是在具體的規則下完成的，個體行為與組織規則有著密切的聯繫。在前面章節探討過規則的正面與負面作用，有些規則對個體行為的增值是有幫助的，有些規則卻會限制個體行為的增值；二是哈默沒有考慮個體行為對組織成員自身價值與偏好的適應性，諸如個體的行為與活動是否符合個體的自身價值與偏好，能否激發個體的活力，能否

---

[1] （美）邁克爾·哈默. 超越再造 [M]. 沈志彥，孫康琦，楚卿子，譯. 上海：上海譯文出版社，1997：76-93.

具有長久的可持續性等問題。

　　為了深入的分析個體行為，我們從增值性與適應性兩個維度對個體行為進行分類並展開研究。增值性反應個體行為對外部客戶價值的增加程度，它分析個體行為能否給企業的客戶帶來價值。有些個體行為具有較強的增值性，能夠為企業客戶帶來巨大的價值；有些個體行為則對企業客戶增加的價值較小甚至沒有價值。適應性反應個體行為對內部成員自身價值和偏好的適應程度，如果一些組織成員的個體行為不需要外部規則約束也能很好地進行，那麼這些個體行為是符合這部分組織成員的自身價值和偏好的，具有較強的適應性；一些個體行為脫離外部規則約束則難以順利進行，這些行為不是個體成員自發產生的，它不符合內部成員的自身價值與偏好，說明具有較低的適應性。個體行為從增值性與適應性兩個維度可以劃分為以下四個種類（如圖5-5）：

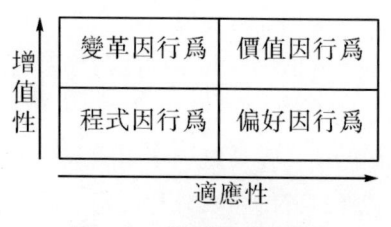

增值性	變革因行為	價值因行為
	程式因行為	偏好因行為
		適應性

圖 5-5　個體行為分類

　　（1）價值因行為：是企業或個人創造價值的主要活動。這種活動適應所處企業的環境，通過已有的知識和適應性改進完成增值活動，具有較強的適應性與較高的增值性，如 Michael E. Porter[①] 提出的價值鏈，把企業內外價值增加的活動分為基本活動和支持性活動，基本活動涉及企業生產、銷售、進料后勤、發貨后勤與售后服務等，支持性活動涉及人事、財務、計劃、研究與開發、採購等，其中對外部客戶增值的活動均屬於價值因行為。

　　（2）程式因行為：該活動主要為了適應所處企業的環境，增值性較小，大多是程序性的活動，比如組織內部的各種手續辦理、層層的匯總、審批、報告等活動。這種行為一般是為了應對規則，規則改變後個體即失去實行的動力，適應性很低。

　　（3）偏好因行為：也稱作文化因行為，該活動主要為了滿足個體自身的偏好，增值性較小，比如員工的愛好、性格、專長、喜歡的文化與工作等，很好的利用偏好因行為能極大地提高個體的積極性，如提供各種員工喜好的工作方式、活動、和業務無關的培訓與學習等。偏好因行為能反應出真正的企業文

---

① 邁克爾·波特. 競爭戰略 [M]. 北京：華夏出版社，2005：280-283.

化，它是個體自覺、自發、偏好的行為方式，具有很好的適應性。

（4）變革因行為：個體對所處企業環境有兩種反應，一是適應，另外就是變革，變革因行為是不能適應或不滿足於現狀而實施的行動，往往具有很大的增值性，同時伴隨著較大的風險。

6 組織結構對個體行為與企業績效的影響模型構建與研究設計

6.1 組織績效

6.1.1 組織績效研究的兩大範式

總體上，從分析框架來看對組織績效的研究主要有兩種範式。

(1) S-C-P 範式

S-C-P 範式指「結構（Structure）—行為（Conduct）—績效（Performance）」的研究模式。經典的經濟學理論把市場與行業分為四種結構：完全競爭、壟斷競爭、寡頭壟斷與完全壟斷，深入研究了這四種行業結構中企業的行為與績效。Bain[1] 在其代表作《產業組織》一書中首次建立了 S-P「結構（Structure）—績效（Performance）」研究框架。Scherer[2] 在其著作《產業結構與經濟績效》一書中提出了 C-P「行為（Conduct）—績效（Performance）」分析工具。持這種範式觀點的研究者大多認為市場結構決定了企業的行為，企業的行為決定了企業的績效。

20 世紀 60 年代，該範式幾乎成為產業經濟學與產業組織學研究組織績效的標準框架，並被廣泛應用。波特（Porter）[3] 對傳統的 S-C-P 範式加以改進與提煉，創造了企業經營分析的五力模型與價值鏈模型，考察整個供應鏈的各個環節所產生的貢獻以及對企業績效的價值。他指出，產業集中度高的行業盈利能力就強，並且該行業會進一步提高進入壁壘來維持行業中的高利潤。S-C

---

[1] Bain, J. S. Industrial organzation [M]. New York: John Wiley, 1959.

[2] Scherer F M. 產業結構與經濟績效 [M]. 蕭雄, 譯. 臺北: 臺灣國民出版社, 1991.

[3] Michael E. Porter. The competitive advantage of nations [M]. New York: The Free Press, 1990.

-P範式已經成為研究企業績效外部影響因素的經典模式，諸如市場結構、行業特徵、行業管制與調整、行業競爭程度與複雜程度等因素都會對企業行為與企業績效產生影響。

（2）S-S-P範式

S-S-P範式即「戰略（Strategy）—結構（Structure）—績效（Performance）」研究模式。人們逐漸發現，不僅不同行業中的企業績效不同，就連同一行業內狀況相近的企業，績效也完全不同。S-C-P範式難以解釋這一現象，因此也受到企業界與理論界廣泛的質疑與批判。20世紀60年代中期，戰略管理研究迅速發展，並引起了人們的廣泛關注，學者們開始把影響企業績效研究的視角轉向戰略管理。Chandler[1]經過長期對各種類型與不同特點企業的分析，從戰略層面入手研究了企業績效，得出了組織結構追隨組織戰略的結論。Rumelt[2]在前人研究的基礎上，系統建立了「戰略（Strategy）—結構（Structure）—績效（Performance）」的研究範式。Ramond、Snow、Hambrick, et al.[3]對該範式進行了補充與完善，把S-S-P範式變為一種研究企業內部戰略對組織結構及組織績效影響的規範模式。

6.1.2 組織績效研究的三種模式

從績效研究發展來看，最初僅關注對成本的控製，后來逐漸開始用眾多的財務指標來分析企業績效，現在則更強調把行為與績效、過程與結果整合起來做綜合的、全面的、平衡的考量。

（1）成本模式

成本模式的主要目標是控製與縮減成本，內容包括三個方面：①引入科學的管理方法；②以控制成本為導向；③單位成本、標準成本和總成本是關鍵指標。

（2）財務模式

財務模式是使用財務指標對企業績效進行全面評價。按照企業的不同目標，分為兩類財務模式：①以利潤為核心的財務模式。該模式簡單易用，使用廣泛，缺點在於未剔除資本的成本，太過關注短期利潤；②以經濟增加值EVA（Economic Value Added）為核心的財務模式。該評價方式有效避免了以

---

[1] Chandler, Alfred D. Strategy and structure: chapters in the history of the American industrial enterprise [M]. Cambridge: MIT Press, 1962.

[2] Rumelt R P. Strategy, structure and economic performance [M]. Cambridge: Harvard University Press, 1974.

[3] Raymond E. Miles, Charles C. Snow, Hambrick D. C. Organizational strategy, structure, and process [M]. New York: Academy of Management, 2003.

利潤為核心的財務模式的缺點。①

(3) 平衡模式

僅關注企業的財務結果是遠遠不夠的，還需要關注非財務指標，需要把行為與結果統一起來，強調它們之間的平衡協調。Kaplan②等建立了平衡計分卡（BSC）評價模式；Neely, et al.③提出了績效三棱鏡評價模式；由美國環境責任經濟聯盟和聯合國環境規劃署聯合發起成立的全球報告倡議（Global Reporting Initiative, GRI)④也提出了一系列評價指標體系。三種模式對比情況如下（如表6-1）。

表6-1　　　　　　　　組織績效模式對比

組織績效模式		構建時間	理論基礎	關注對象	評價內容	優點	缺點
成本模式		20世紀初	科學管理理論	股東	標準成本單位成本	目標清晰易於控制	評價內容單一
財務模式	利潤核心	20世紀中期	新古典經濟理論	股東	盈利能力營運能力償債能力	便於核算易於操作	只追求經濟利益
	EVA核心	1991年	代理理論資本成本	股東	EVA	納入資本成本，評價股東價值	缺乏社會責任
平衡模式	BSC	1992年	戰略管理理論與新古典經濟理論	股東客戶員工	財務，流程，學習與成長，客戶	戰略導向，關注財務與非財務，過程與結果的平衡	未考慮更多的社會責任
	GRI	2000年	可持續發展理論與利益相關理論	利益相關者	經濟績效社會績效生態績效	強調可持續發展	總量指標多，側重於結果評價
	績效三棱鏡	2002年	利益相關理論	利益相關者	戰略、流程、能力與利益相關者滿意	戰略導向，關心利益相關者和社會責任	缺乏量化方法與明確的利益關係者主次

［資料來源］溫素彬. 績效立方體：基於可持續發展的企業績效評價模式研究［M］. 管理學報，2010，7（3）：355.

---

① Stern J., Stewart G. B., Chew D. The EVA financial management system［J］. Journal of Applied Corporate Finance，1995，8（2）：32-46.

② Kaplan R., Norton D. The balanced scorecard measures: That drive performance［J］. Harvard Business Review，1992，70（1）：71-79.

③ Neely A., Adams C., Kennerley M. The performance prism: The scorecard of measuring and managing business success［M］. New York: Pearson Education Limited，2002.

④ Global Report Initiative. GRI (2006)［EB/OL］.［2009-05-12］. http://www.globalreporting.org.

6.2 平衡計分卡

平衡計分卡已經成為當前國內外廣泛使用的業績評價方法，羅伯特·卡普蘭（Robert Kaplan）和大衛·諾頓（Davit Norton）1992年在《哈佛商業評論》上發表的「平衡計分卡—驅動績效的度量」一文中首次提出了平衡計分卡的概念[1]，之后又經歷了三個發展階段。

(1) BSC 階段（1992—1993年）

BSC 即「The Blanced Score Card」，平衡計分卡模式。傳統的財務評價指標只關注企業績效的過去與結果，而忽視了企業績效的過程與未來，Kaplan[2] 認為要從財務、客戶、員工學習與成長、流程四個方面來評估企業，平衡地設計指標體系，使績效考評更加合理。

(2) BSC+MAP 階段（1993—2001年）

MAP 即「Strategy Map」，代表戰略圖。通過戰略圖對評價指標進行識別與過濾。Kaplan[3] 認為若不能準確描述戰略，就無法評價績效；如無法評價績效，就無法開展管理。突出強調了平衡計分卡與戰略圖的結合。

(3) BSC+MAP+SFO 階段（2001年至今）

SFO（Strategy Focused Orginization）指戰略中的組織。羅伯特·卡普蘭（Robert Kaplan）和大衛·諾頓（Davit Norton）[4] 發現企業雖然認識到了戰略的重要意義，但很多企業的戰略仍然無法成功實施，他們認為必須建立戰略中心型組織來保證企業戰略的順利實施（如圖6-1）。

---

[1] Robert S. Kaplan, David P. Norton. The balanced scorecard: Measure that drive performance [J]. Harvard Business Review, 1992 (1-2): 71-79.

[2] Robert S. Kaplan, David P. Norton. Putting the balanced scorecard to work [J]. Harvard Business Review, 1993 (9-10): 1-17.

[3] Robert S. Kaplan, David P. Norton. Using the balanced scorecard as a strategic management system [J]. Harvard Business Review, 1996 (1-2): 150-160.

[4] Robert S. Kaplan, David P. Norton. The strategy focused organization: How balanced scorecard companies thrive in the new business environment [M]. Boston: Harvard Business School Publishing Corporation, 2001.

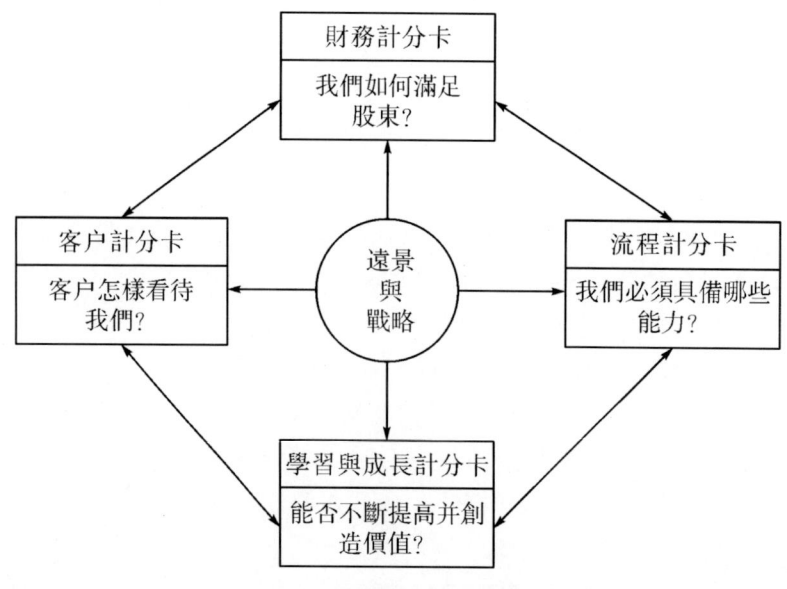

図 6-1　平衡計分卡評價體系

［資料來源］Robert S. Kaplan, David P. Norton. The strategy focused organization: How balanced scorecard companies thrive in the new business environment ［M］. Harvard Business School Publishing Corporation, 2001.

6.3　組織結構對個體行為與企業績效的影響模型

6.3.1　知識與規則對個體行為的影響

本書應用「結構—行為—績效」範式來研究組織結構通過個體行為對企業績效的影響，從企業內部的微觀層面進行探討分析（如圖 6-2）。

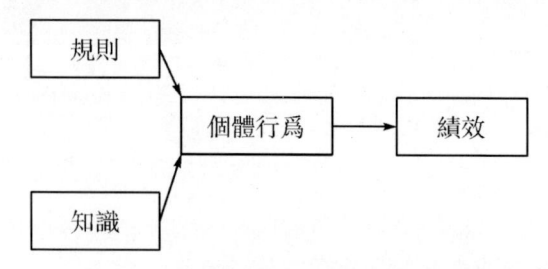

図 6-2　知識與規則對個體行為的影響

根據 Robert S. Kaplan 提出的「平衡計分卡」：財務、顧客、企業內部流程、學習與成長這四個方面來衡量企業績效。建立知識與規則對個體行為的影響模型（如圖 6-3）。

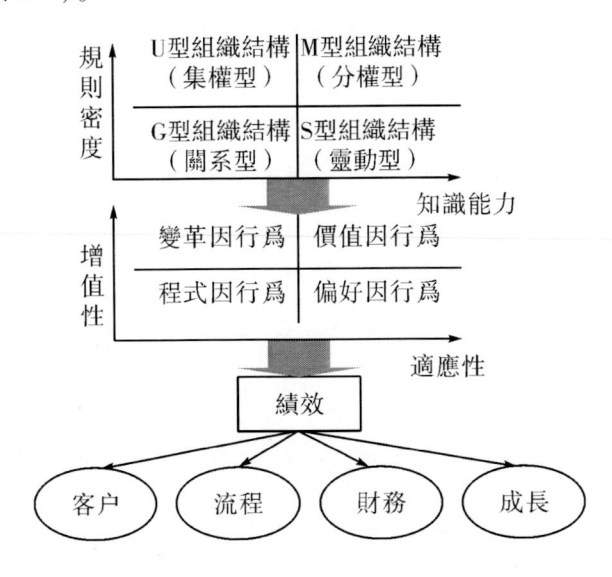

6.3.2 提出假設

企業的規則密度大，表示分工精細和明確，規章制度全面且嚴格，正式溝通比例大，生產經營活動中的規範程度高。規範的規則對個體行為進行了嚴密的安排，尤其是其中的價值因行為已經被考量好，固化成型。當內外部環境發生變化時，被固化好的價值因行為不容易調整。而知識能力強的企業正好相反，靈活的組織結構大大地促進了價值因行為的產生。由此提出：

H1a$^-$：大規則密度會減少價值因行為

H2a$^+$：強知識能力會增進價值因行為

規則密度大的組織中，需要有大量的對應的程式因行為來支持這種規則的運行。當企業環境發生變化時，需要進一步強化並突出這種規則，規則會更加嚴格與細化，規則變得更多。小的規則適應大的規則，嵌套複雜，加劇了程式因行為的產生。知識能力強的企業正好相反，不斷提高知識能力，增強對環境的動態適應能力，及時淘汰過時的規則與程式因行為，極大地減少了程式因行為的產生。由此提出：

H1b$^+$：大規則密度會促進程式因行為

H2b$^-$：強知識能力會減少程式因行為

现代组织不再是单一的生产功能，成员在组织中的需求越来越多元化。在企业的工作中，越來越多的成員認為企業不僅是生產的場所，其中也是其生活與人生活動的主要平臺，除了創造價值，還考慮自身的偏好、價值觀、尊嚴等更多的需求能否得到滿足的問題。規則的同一化（只有一套規則並適用於所有人），對所有人用同樣規則，表面上看似公平，卻忽視了人的差異性與個體的特質，難以調動組織成員的能動性與積極性。規則密度大的企業難以滿足成員的偏好因行為，而知識能力強的企業對與個體成員的偏好因行為有較大的促進作用。由此提出：

H1c$^-$：大規則密度會減少偏好因行為

H2c$^+$：強知識能力會增進偏好因行為

組織從橫向來看，各個部門以及員工掌握著各自的信息，信息不能集成；同樣的信息分佈在組織的不同單元中，信息不能統一。職能部門間的橫向合作常常依靠流程管理來完成，流程要隨著企業的環境變化而變化。任何流程的變化必然伴隨著職能部門的相應調整與改變，而職能管理模式與規則化往往是阻礙流程變革的最大障礙。任何一項流程的改進與變革都會涉及多個部門的利益，遇到抵制時，再好的管理模式與知識也難以引入組織。組織中縱向的層次上，各個層次掌握信息量也不同，每個層次每個部門的個體以少量的信息去思考與工作，難以獲得更為全面的信息，難以觀察瞭解到組織運作的全貌，難以進行全局性的思考與作業。

被分割開的各個組織單位與個體所具備的知識僅僅局限於自身的小單位內，難以共享，新的知識難以形成。這種規則劃分的小單位，考核與運作更為強調單位與個體間的競爭，大範圍的創新與合作難以形成。傳統模式中，組織講求規範化，而大多數規範化的手段就是用嚴格細緻的規則來保障，所有的活動是在規則下完成的，很大程度上抑制了創新與變革的積極性和能動性。為了達到既定的要求標準，不斷規範行為，不斷細化規則，所有的活動，包括變革都是在規則內完成，很大程度上限制了變革因行為。隨著知識能力的增強，組織成員的知識、活動空間與範圍逐步增大，成員內外部交流更為頻繁，新的思想與行動能力增強，大大的增進了變革因行為。由此提出：

H1d$^-$：大規則密度會減少變革因行為

H2d$^+$：強知識能力會增進變革因行為

程式因行為越多，就越沒有足夠的能力與條件去完成其他行為，同時對其他行為產生了很大的局限。程式因行為與價值因行為、偏好因行為、變革因行為顯著負相關；偏好因行為與變革因行為都會促進個體成員創造價值的活動；

偏好因行為越大，變革與創新的動力與願望就越小。偏好因行為與變革因行為顯著負相關。由此提出：

H3a⁻：價值因行為與程式因行為顯著負相關

H3b⁺：價值因行為與偏好因行為顯著正相關

H3c⁺：價值因行為與變革因行為顯著正相關

H3d⁻：程式因行為與偏好因行為顯著負相關

H3e⁺：程式因行為與變革因行為顯著正相關

H3f⁻：偏好因行為與變革因行為顯著負相關

組織中許多資源分佈在各個小單位與個體中，諸如人力、財資、設備、廠房、倉庫等很多時候並不能夠被充分利用，但是在規則化的組織模式中，資源不能自由流動，員工不能充分利用，如設備不能出租，倉庫不能外借，員工不能兼職，這些資源白白浪費著。價值因行為越多，越容易提升企業績效；而程式因行為不利於企業績效的提升；偏好因行為由於能激勵成員，滿足成員的其他需要，也可以增進企業績效；變革因行為由於其變革與創新性強的特點，伴隨著一定風險並能極大的提升企業績效。由此提出：

H4a⁺：價值因行為有助於提高企業績效

H4b⁻：程式因行為不利於提高企業績效

H4c⁺：偏好因行為有助於提高企業績效

H4d⁺：變革因行為有助於提高企業績效

企業的規則密度越大，相應的變化與適應能力就越低。每個層次每個部門的個體以少量的信息去思考與工作，難以獲得更為全面的信息，難以觀察瞭解到組織運作的全貌，難以進行全局性的思考與作業。被分割開的各個組織單位與個體所具備的知識僅僅局限於自身的小單位內，難以共享，新的知識難以形成。這種規則劃分的小單位，考核與運作更為強調單位與個體間的競爭，大範圍的創新與合作難以形成。由此提出：

H5⁻：規則密度與知識能力顯著負相關

6.3.3 理論模型的建立

單純地追求短期利潤最大化，或者長期價值最大化，這個決策期限是不明確的，也是難以確定的。決策分析是基於一定知識環境來進行的。是否做一件事，行為 B 受到規則 R 與知識 K 的影響，$B=f(K,R)$，組織正是提供這些規則與知識來支持行為的效率。企業規則與知識是通過影響個體行為而產生企業績效。為了研究更為全面，採用 Robert S. Kaplan 提出的「平衡計分卡」：財

務、顧客、企業內部流程、學習與成長這四個方面（七個具體的指標）來衡量企業績效，根據前面提出的假設建立知識與規則通過個體行為對績效的影響的理論模型（如圖6-4）。

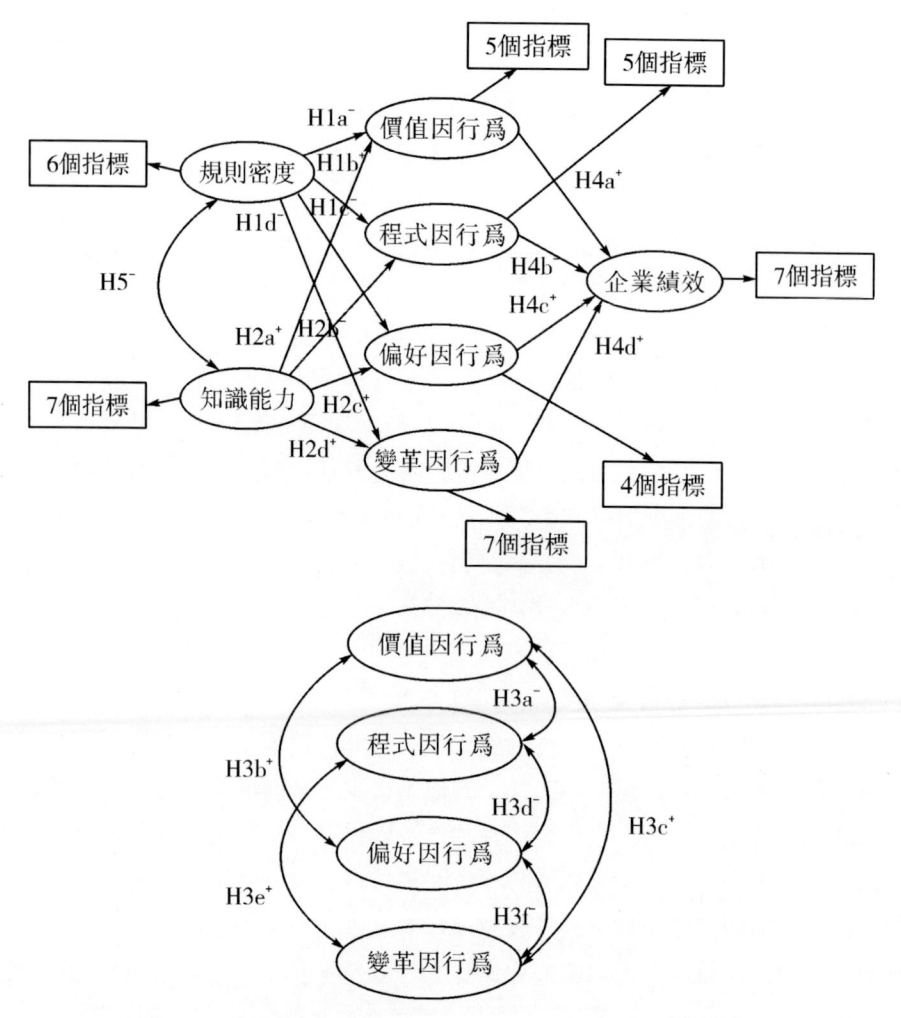

圖6-4 知識與規則對個體行為與企業績效影響的理論模型

註：+表示變量之間正向影響或正相關，-表示表示變量之間反向影響或負相關。

由知識能力和規則密度描述的組織結構，對個體行為與企業績效影響的理論模型如下（如圖6-5）。

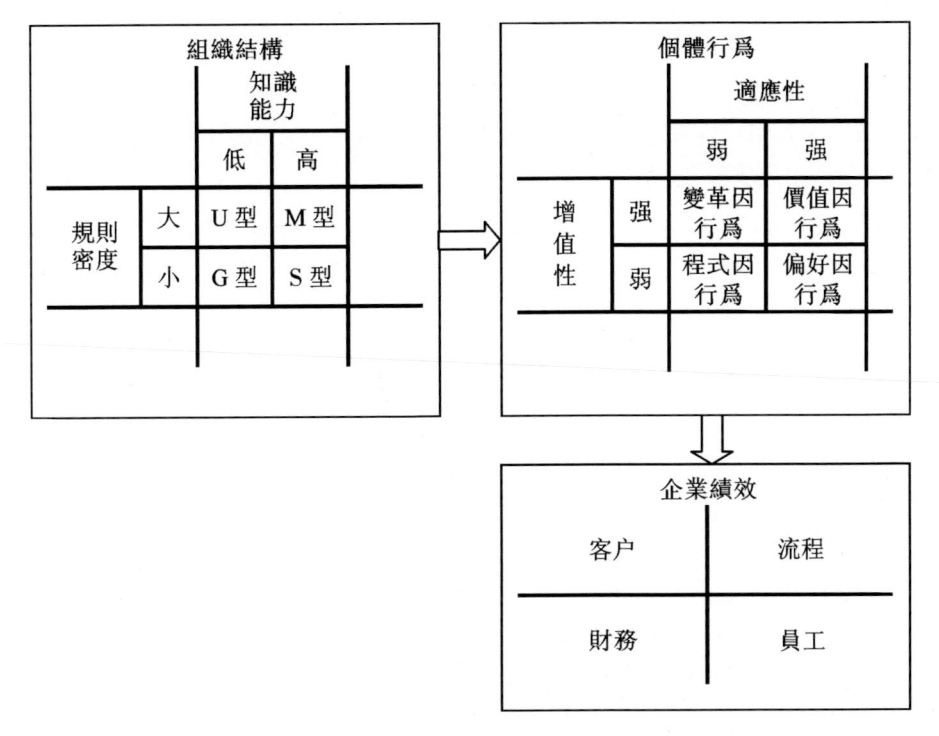

圖 6-5　組織結構對個體行為與企業績效影響的理論模型

6.4　量表開發

6.4.1　量表形成

知識能力與規則密度的量表從 Caruana, et al.[①]和 Choi, et al.[②]的研究中選取。相關的量表比較成熟，類似的量表在許多研究中都應用過。其信度和效度較為可靠，這裡結合專家意見對其進行完善與擴展，確定了規則密度與知識能力的題項。價值因行為與程式因行為量表參考了 Sabherwal, Chan[③] 修正過的

---

① Caruana, A., Morris, M. H., Vella A J. The effect of centralization and formalization on entrepreneurship in export firms [J]. Journal of Small Business Management, 1998, 36 (1): 16-29.
② Choi, B., Poon, S. K., Davis, G. J. Effects of knowledge management strategy on organizational performance: A complementarity theory-based approach [J]. Omega the International Journal of Management Science, 2008, 36: 235-251.
③ Sabherwal, R., Chan, Y. E. Alignment between business and IS strategies: A study of prospectors, analyzers, and defenders [J]. Information Systems Research, 2001, 12 (1): 11-33.

STROBE量表版本，結合專家意見進行了完善，確立了價值因行為與程式因行為的相關題項。變革因行為上，借鑑Jansen, et al.[①]、Atuahene-Gima, Murray[②]使用過的量表中選取適合本研究需要的題項。偏好因行為借鑑了Lee, Choi[③]研究中用到的量表。在企業績效量表的選取上，主要利用Kaplan提出的平衡計分卡，並結合了Wang[④]和Tsui等研究中用到的企業績效量表。他們針對中國企業進行了研究，該量表能夠保證適用於中國企業。經過多次的修改與調整，最終確定了相關題項。

在確立量表初稿后，對相關問題同專家與教授進行了探討，主要是從理論角度以定性的方式對量表進行分析與淨化，優化量表的題項，提高研究的信度與效度。對一些企業的中、高層管理人員進行了採訪，通過他們的實際工作經驗對量表題項進一步深入分析與淨化。重視到調查答題人員對相關題項是否理解，對可能造成歧義的詞彙或者是艱澀的專業詞彙進行了校正。並與一位管理諮詢公司的高級諮詢人員進行了溝通。他長期從事問卷調研工作，具備了豐富的經驗，提出了一些調整建議，使量表題項與實際工作相聯繫，促進回答者的準確思考與認知，保證量表的實用性。通過調整，最終確立的量表如下（如表6-2）。

表6-2　　　　　　　　　調整后確立的量表

變量	編號	題項
規則密度	G1	1. 我們公司制定了周密嚴謹、標準規範的工作流程與規章制度並嚴格按照制定的文件和章程來解決問題。
	G2	2. 我們公司的工作流程與規章制度很長時間都沒有變化。
	G4	3. 我們公司組織結構複雜，等級層次繁多。
	G4	4. 我們公司大多數情況採用正式溝通的方式來交流信息。
	G5	5. 我們公司部門間分工明確，但協調效率低。
	G6	6. 我們公司沒有給員工足夠的工作授權。

---

① Jansen, J. J. P., Van Den Bosch, F. A. J., Volberda, H. W. Exploratory innovation, exploitative innovation, and performance: Effects of organizational antecedents and environmental moderators [J]. Management Science, 2006, 52 (11): 1661-1674.

② Atuahene-Gima, K., Murray, J. Y. Exploratory and exploitative learning in new product development: A social capital perspective on new technology ventures in China [J]. Journal of International Marketing, 2007, 15 (2): 1-29.

③ Lee, H., Choi, B. Knowledge management enablers, processes, and organizational performance: An integrative view and empirical examination [J]. Journal of Management Information Systems, 2003, 20 (1): 179-228.

④ Wang, D., Tsui, A. S., Zhang, Y., Ma, L. Employment relationship and firm performance: Evidence from the People's Republic of China [J]. Journal of Organizational Behavior, 2003, 24: 511-535.

表6-2(續)

變量	編號	題項
知識能力	Z1	1. 公司經常和合作企業、科研院所協作，注重從客戶和競爭對手那裡收集信息。
	Z2	2. 公司對將其發展重要的知識加以整理、分類和提煉並傳授給員工。
	Z3	3. 公司會積極推行有用的知識，並配備足夠的資源。
	Z4	4. 公司對於知識貢獻有相應獎勵並納入考核體系。
	Z5	5. 公司能夠及時把這些知識融入到生產和經營活動中。
	Z6	6. 公司通過對這些知識的應用獲得了巨大的收益。
	Z7	7. 公司提供良好的環境支持員工作業交流與知識交流：比如信息系統、會談室、咖啡間等。
價值因行為	J1	1. 我現有的知識與經驗能很好地完成工作。
	J2	2. 我與同事們經常互相交流、學習、支持。
	J3	3. 我會積極思考工作中存在的問題，提出更好的方案，便捷地把新方式引入工作中。
	J4	4. 我的工作很有成就感，工作中非常盡責。
	J5	5. 我對我們單位的創新戰略規劃的制定過程都積極參與。
程式因行為	C1	1. 我只是很好地按規則辦事，完成分內事務。
	C2	2. 我有更好的工作方案，但是沒有引入工作。
	C3	3. 我的同事各自有獨特的知識與經驗，但是相互保密。
	C4	4. 單位員工經常私下抱怨相關規章制度，但是不會向有關領導提出意見。
	C5	5. 單位員工對其他人的事情不太關心，不瞭解企業的決策過程與目的。
偏好因行為	P1	1. 我喜歡與同事多交流，我們公司內部可以無束縛的交流。
	P2	2. 我對單位舉辦的培訓很有興趣，培訓非常有用。
	P3	3. 我喜歡提出意見與新的方案，主動幫助同事與顧客。
	P4	4. 我很享受目前的工作，我很喜歡單位的企業文化。
變革因行為	B1	1. 公司鼓勵員工討論工作方法的優點與不足，評價規章制度，並尋求更好的方法和指導。
	B2	2. 決策有明確負責人來接受、解答員工的質疑並對其進行修正。
	B3	3. 員工積極提出改進工作和發展公司的建議，建議經常得到採納並獲得相應獎勵。
	B4	4. 公司領導積極參與知識管理活動，在知識獲取、分享、利用、創新方面起到模範作用。
	B5	5. 顧客價值創造是企業決策的核心目標。
	B6	6. 公司讚賞團隊精神，尊重他人的觀點與價值。
	B7	7. 能夠一定程度上容忍員工應用新知識而產生的錯誤。

表6-2(續)

變量	編號	題項
企業績效	Q1	1. 我們公司新開發的產品數量與同行業其他單位相比很多。
	Q2	2. 我們公司的研發資金與同行業其他單位相比很多,項目成功率很高。
	Q3	3. 我們公司利潤與同行業其他單位相比很高。
	Q4	4. 我的收入與同行業其他單位員工相比很高。
	Q5	5. 我們公司經常改進、優化流程,流程較合理,工作效率高。
	Q6	6. 我的能力提升很快。
	Q7	7. 客戶很滿意我們的產品。

6.4.2 問卷預測試與量表修正

為了保證量表的有效性,問卷編寫完成后於2009年4月進行了兩次測試,兩次測試時間間隔一周,前後兩次問卷測試均以MBA班上同樣62人作為樣本,收回有效問卷57份。根據Fornell, et al.[①]的建議,刪除了因子荷載係數小於0.5和題項內相關係數小於0.6的七個測量題項,調整後的問卷採用Likert 5級量表,被調查者根據自身情況評分:5—非常符合;4—符合;3——般(不確定);2—不符合;1—非常不符合,共計41個題項(如表6-3)。

表6-3　　　　　問卷調整前后的信度效度檢驗結果

變量	題項	前測信度和效度		后測信度和效度	
		Item-correlation	Cronbach's Alpha	Item-correlation	Cronbach's Alpha
規則密度	1. 我們公司制定了周密嚴謹、標準規範的工作流程與規章制度並嚴格按照制定的文件和章程來解決問題。	0.847,6	0.851,4	0.817,0	0.827,0
	2. 我們公司的工作流程與規章制度很長時間都沒有變化。	0.915,8		0.874,1	
	3. 我們公司組織結構複雜,等級層次繁多。	0.859,2		0.865,3	
	4. 我們公司大多數情況採用正式溝通的方式來交流信息。	0.768,3		0.780,2	
	5. 我們公司部門間分工明確,但協調效率低。	0.876,1		0.847,6	
	6. 我們公司沒有給員工足夠的工作授權。	0.805,0		0.797,4	

---

① Fornell C., Larcker D F. Structural equation models with unobservable variables and measurement error: Algebra and statistics [J]. Journal of Marketing Research, 1981, 18 (3): 382-388.

表6-3(續)

變量	題項	前測信度和效度 Item-correlation	前測信度和效度 Cronbach's Alpha	后測信度和效度 Item-correlation	后測信度和效度 Cronbach's Alpha
知識能力	1. 公司經常和合作企業、科研院所協作、注重從客戶和競爭對手那裡收集信息。	0.752,6		0.714,5	
	2. 公司對於其發展重要的知識加以整理、分類和提煉並傳授給員工。	0.720,8		0.709,3	
	3. 公司會積極推行有用的知識，並配備足夠的資源。	0.874,2		0.847,7	
	4. 公司對於知識貢獻有相應獎勵並納入考核體系。	0.860,4	0.865,0	0.851,3	0.843,8
	5. 公司能夠及時把這些知識融入到生產和經營活動中。	0.890,5		0.819,8	
	6. 公司通過對這些知識的應用獲得了巨大的收益。	0.748,6		0.709,5	
	7. 公司提供良好環境支持員工作業交流與知識交流：比如信息系統、會談室、咖啡間等。	0.754,8		0.700,1	
價值因行為	1. 我現有的知識與經驗能很好地完成工作。	0.932,7		0.900,6	
	2. 我與同事們經常互相交流、學習、支持。	0.953,6		0.947,7	
	3. 我會積極思考工作中存在的問題，提出更好的方案，便捷地把新方式引入工作中。	0.874,4	0.913,2	0.856,1	0.900,6
	4. 我的工作很有成就感，工作中非常盡責。	0.923,1		0.887,6	
	5. 我對我們單位的創新戰略規劃的制定過程都積極參與。	0.840,5		0.800,3	
程式因行為	1. 我只是很好地按規則辦事，完成分內事務。	0.875,1		0.844,3	
	2. 我有更好的工作方案，但是沒有引入工作。	0.810,5		0.788,0	
	3. 我的同事各自有獨特的知識與經驗，但是相互保密。	0.834,6	0.930,6	0.851,7	0.895,4
	4. 單位員工經常私下抱怨相關規章制度，但是不會向有關領導提出意見。	0.894,2		0.833,0	
	5. 單位員工對其他人的事情不太關心，不瞭解企業的決策過程與目的。	0.891,5		0.840,2	

表6-3(續)

變量	題項	前測信度和效度		后測信度和效度	
		Item-correlation	Cronbach's Alpha	Item-correlation	Cronbach's Alpha
偏好因行為	1. 我喜歡與同事多交流,我們公司內部可以無束縛的交流。	0.904,2	0.873,5	0.884,6	0.824,9
	2. 我對單位舉辦的培訓很有興趣,培訓非常有用。	0.886,3		0.828,0	
	3. 我喜歡提出意見與新的方案,主動幫助同事與顧客。	0.765,8		0.712,2	
	4. 我很享受目前的工作,我很喜歡單位的企業文化。	0.811,4		0.796,0	
變革因行為	1. 公司鼓勵員工討論工作方法的優點與不足,評價規章制度,並尋求更好的方法和指導。	0.684,2	0.894,7	0.716,4	0.853,0
	2. 決策有明確負責人來接受、解答員工的質疑並對其進行修正。	0.798,3		0.746,5	
	3. 員工積極提出改進工作和發展公司的建議,建議經常得到採納並獲得相應獎勵。	0.892,6		0.834,6	
	4. 公司領導積極參與知識管理活動,在知識獲取、分享、利用、創新方面起到模範作用。	0.678,4		0.695,7	
	5. 顧客價值創造是企業決策的核心目標。	0.758,1		0.748,9	
	6. 公司讚賞團隊精神,尊重他人的觀點與價值。	0.543,2		0.576,3	
	7. 公司能夠在一定程度上容忍員工應用新知識而產生的錯誤。	0.779,4		0.759,0	
企業績效	1. 我們公司新開發的產品數量與同行業其他單位相比更多。	0.559,3	0.886,1	0.538,1	0.870,5
	2. 我們公司的研發資金與同行業其他單位相比很多,項目成功率很高。	0.963,2		0.924,5	
	3. 我們公司利潤與同行業其他單位相比很高。	0.764,9		0.786,1	
	4. 我的收入與同行業其他單位員工相比很高。	0.536,7		0.547,8	
	5. 我們公司經常改進,優化流程,流程較合理,工作效率高。	0.774,9		0.761,3	
	6. 我的能力提升很快。	0.805,7		0.832,1	
	7. 客戶很滿意我們的產品。	0.886,9		0.817,4	

6.4.3 量表的因子分析

通過對大量文獻的研究與企業實踐的精煉，本書在知識能力、規則密度、價值因行為、程式因行為、偏好因行為、變革因行為與企業績效6個方面使用焦點小組研究方法，在管理專家和實踐者的參與下形成了正式的測度量表。根據在MBA班上收回的57份有效問卷，對修正後信度、效度通過的量表進行探索性因子分析。

（1）規則密度測量量表的探索性因子分析

在表6-4上半部分原始變量的相關係數矩陣中，存在很多比較大的相關係數；表的下半部分是相關係數顯著性檢驗的p值，其中存在大量小於0.05的值。這些都可以說明原始變量之間存在著較強的相關性，具備因子分析的前提。

表6-4　　　　　規則密度相關係數矩陣與相關顯著性檢驗

		G1	G2	G3	G4	G5	G6
Correlation	G1	1.000	0.350	0.368	0.649	0.314	0.426
	G2	0.650	1.000	0.420	0.539	0.546	0.419
	G2	0.468	0.720	1.000	0.443	0.415	0.439
	G2	0.249	0.539	0.343	1.000	0.509	0.431
	G2	0.314	0.546	0.415	0.509	1.000	0.697
	G2	0.426	0.419	0.439	0.431	0.697	1.000
Sig.（1-tailed）	G2		0.000	0.000	0.000	0.009	0.000
	G2	0.000		0.000	0.000	0.000	0.001
	G3	0.000	0.000		0.000	0.001	0.000
	G4	0.000	0.000	0.000		0.000	0.000
	G5	0.009	0.000	0.001	0.000		0.000
	G6	0.000	0.001	0.000	0.000	0.000	

a. Determinant = 0.031

表6-5給出了6個原始變量的變量共同度（變量共同度表示每個變量對提取出的所有公共因子的依賴程度），從表中數據可以看出，所有變量共同度都在85%以上，證明提取的因子能夠包含大部分原始變量的信息，因子分析效果比較好。通常KMO統計量的值介於0和1之間，越接近於1表明原始變量相關性越強，越接近於0表明原始變量相關性越弱。一般認為0.9以上是非常適合做因子分析的，0.8以上為比較適合，0.7表示一般，0.6表示不太適合，

0.5以下為極不適合。表6-5中KMO與Bartlett球形檢驗中，*KMO*統計量等於0.718；Bartlett球形檢驗的初始假設是：原有變量的相關矩陣是單位矩陣。Bartlett球形檢驗的p值為0，說明數據適合進行因子分析。

表6-5　　　　　　　　規則密度的探索性因子分析

規則密度	因子載荷	變量共同度
我們公司制定了周密嚴謹、標準規範的工作流程與規章制度並嚴格按照制定的文件和章程來解決問題。	0.797	0.854
我們公司的工作流程與規章制度很長時間都沒有變化。	0.832	0.926
我們公司組織結構複雜，等級層次繁多。	0.837	0.901
我們公司大多數情況採用正式溝通的方式來交流信息。	0.806	0.850
我們公司部門間分工明確，但協調效率低。	0.724	0.923
我們公司沒有給員工足夠的工作授權。	0.706	0.899

KMO		0.718
Bartlett's Test of Sphericity	Approx. Chi-Square	184.246
	df	15
	Sig.	0.000

探索性因子分析之后得到的各題項的因子載荷均在0.5的理想水平之上，說明該量表具有較強的結構效度。

（2）知識能力測量量表的探索性因子分析

在表6-6前半部分原有變量的相關係數矩陣中，存在很多比較高的相關係數；表的后半部分是相關係數顯著性檢驗的p值，其中有大量小於0.05的值。這些都說明原有變量之間存在著較強的相關性，具有因子分析的前提與必要。

表6-6　　　　　知識能力相關係數矩陣與相關顯著性檢驗

		Z1	Z2	Z3	Z4	Z5	Z6	Z7
Correlation	Z1	1.000	0.501	0.429	0.320	0.210	-0.239	-0.274
	Z2	0.501	1.000	0.590	0.408	0.275	-0.162	-0.006
	Z3	0.429	0.590	1.000	0.363	0.349	-0.101	-0.208
	Z4	0.320	0.408	0.363	1.000	0.353	-0.115	-0.221
	Z5	0.210	0.275	0.349	0.353	1.000	-0.186	-0.469
	Z6	-0.239	-0.162	-0.101	-0.115	-0.186	1.000	0.400
	Z7	-0.274	-0.006	-0.208	-0.221	-0.469	0.400	1.000

表6-6（續）

		Z1	Z2	Z3	Z4	Z5	Z6	Z7
Sig. (1-tailed)	Z1		0.000	0.001	0.009	0.064	0.041	0.022
	Z2	0.000		0.000	0.001	0.022	0.121	0.483
	Z3	0.001	0.000		0.003	0.005	0.233	0.066
	Z4	0.009	0.001	0.003		0.004	0.203	0.054
	Z5	0.064	0.022	0.005	0.004		0.089	0.000
	Z6	0.041	0.121	0.233	0.203	0.089		0.001
	Z7	0.022	0.483	0.066	0.054	0.000	0.001	

a. Determinant = 0.166

表6-7給出了7個原始變量的變量共同度，從表中數據可以看出，所有變量共同度都在85%以上，證明提取的因子能夠包含大部分原始變量的信息，因子分析效果比較好。表6-7中KMO與Bartlett球形檢驗中，*KMO*統計量等於0.685；Bartlett球形檢驗的*p*值為0，說明數據適合進行因子分析。

表6-7　　　　　　　　知識能力的探索性因子分析

知識能力	因子載荷	變量共同度
公司經常和合作企業、科研院所協作，注重從客戶和競爭對手那裡收集信息。	0.695	0.907
公司對於將其發展重要的知識加以整理、分類和提煉並傳授給員工。	0.713	0.859
公司會積極推行有用的知識，並配備足夠的資源。	0.734	0.950
公司對於知識貢獻有相應獎勵並納入考核體系。	0.646	0.939
公司能夠及時把這些知識融入到生產和經營活動中。	0.637	0.902
公司有通過對這些知識的應用獲得了巨大的收益。	0.520	0.883
創造良好的工作環境，鼓勵在實際工作中應用新知識或新技能。	0.729	0.880
KMO	0.685	
Bartlett's Test of Sphericity　Approx. Chi-Square	89.548	
df	21	
Sig.	0.000	

探索性因子分析之后得到的各題項的因子載荷均在0.5的理想水平之上，說明該量表具有較強的結構效度。

(3) 價值因行為測量量表的探索性因子分析

在表 6-8 前半部分原始變量的相關係數矩陣中，存在很多比較大的相關係數；表的后半部分是相關係數顯著性檢驗的 p 值，其中存在大量小於 0.05 的值。這些都可以說明原始變量之間存在著較強的相關性，具備因子分析的前提與必要。

表 6-8　　價值因行為相關係數矩陣與相關顯著性檢驗

		J1	J2	J3	J4	J5
Correlation	J1	1.000	0.469	0.288	0.561	0.707
	J2	0.469	1.000	0.085	0.301	0.332
	J3	0.288	0.085	1.000	0.193	0.293
	J4	0.561	0.301	0.193	1.000	0.675
	J5	0.707	0.332	0.293	0.675	1.000
Sig. (1-tailed)	J1		0.000	0.017	0.000	0.000
	J2	0.000		0.270	0.014	0.007
	J3	0.017	0.270		0.081	0.016
	J4	0.000	0.014	0.081		0.000
	J5	0.000	0.007	0.016	0.000	

a. Determinant = 0.185

表 6-9 給出了 5 個原始變量的變量共同度，從表中數據可以看出，所有變量共同度都在 85% 以上，證明提取的因子能夠包含大部分原始變量的信息，因子分析效果比較理想。

KMO 統計量的值在 0 和 1 之間。當所有原始變量間的簡單相關係數平方和遠遠超過原始變量偏相關係數平方和時，KMO 值就接近於 1，越接近於 1 表明原始變量之間的相關性越強，原有變量越適合作因子分析；當原有變量間的簡單相關係數平方和接近 0 時，KMO 值就接近於 0，越接近於 0 表明原始變量之間的相關性越弱。表 6-9 中 KMO 與 Bartlett 球形檢驗中，KMO 統計量等於 0.748；p 值為 0，說明數據適合進行因子分析。

表 6-9　　　　　　　價值因行為的探索性因子分析

價值因行為	因子載荷	變量共同度
我現有的知識與經驗能很好地完成工作。	0.871	0.859
我與同事們經常互相交流、學習、支持。	0.581	0.938
我會積極思考工作中存在的問題，提出更好的方案，便捷地把新方式引入工作中。	0.424	0.880
我工作很有成就感，工作中非常盡責。	0.796	0.854
對於我來說，在這個組織工作，是我最好的選擇。	0.876	0.868

KMO		0.748
Bartlett's Test of Sphericity	Approx. Chi-Square	85.208
	df	10
	Sig.	0.000

探索性因子分析之後得到的各題項的因子載荷除第三題項外均在 0.5 的理想水平之上，說明該量表具有較強的結構效度。

(4) 程式因行為測量量表的探索性因子分析

在表 6-10 前半部分原有變量的相關係數矩陣中，存在很多比較大的相關係數；表的后半部分是相關係數顯著性檢驗的 p 值，其中存在大量小於 0.05 的值。這些都說明原有變量之間存在著較強的相關性，具備了因子分析的前提與必要。

表 6-10　　　　程式因行為相關係數矩陣與相關顯著性檢驗

		C1	C2	C3	C4	C5
Correlation	C1	1.000	0.200	0.370	0.033	0.067
	C2	0.200	1.000	0.275	-0.220	-0.166
	C3	0.370	0.275	1.000	-0.022	0.123
	C4	0.033	-0.220	-0.022	1.000	0.609
	C5	0.067	-0.166	0.123	0.609	1.000
Sig. (1-tailed)	C1		0.071	0.003	0.406	0.314
	C2	0.071		0.021	0.053	0.113
	C3	0.003	0.021		0.437	0.186
	C4	0.406	0.053	0.437		0.000
	C5	0.314	0.113	0.186	0.000	

a. Determinant = 0.451

表 6-11 給出了 5 個原始變量的變量共同度，從表中數據可以看出，所有變量共同度都在 85% 以上，證明因子分析效果比較好，它提取的因子能夠包含大部分原始變量的信息。KMO 與 Bartlett 球形檢驗中，*KMO* 統計量等於 0.846；Bartlett 球形檢驗的 *p* 值為 0，證明數據特別適合進行因子分析。

表 6-11　　　　　　程式因行為的探索性因子分析

程式因行為	因子載荷	變量共同度
我只是很好地按規則辦事，完成分內事務。	0.743	0.866
我有更好的工作方案，但是沒有引入工作。	0.469	0.911
我的同事各自有獨特的知識與經驗，但是相互保密。	0.790	0.947
單位員工經常私下抱怨相關規章制度，但是不會向有關領導提出意見。	0.506	0.872
單位員工對其他人的事情不太關心，不瞭解企業的決策過程與目的。	0.547	0.881

KMO		0.846
Bartlett's Test of Sphericity	Approx. Chi-Square	41.020
	df	10
	Sig.	0.000

探索性因子分析之後得到的各題項的因子載荷除第二題項外均在 0.5 的理想水平之上，說明該量表具有較強的結構效度。

（5）偏好因行為測量量表的探索性因子分析

在表 6-12 前半部分原有變量的相關係數矩陣中，存在很多比較大的相關係數；表的后半部分是相關係數顯著性檢驗的 *p* 值，其中存在大量小於 0.05 的值。這些都說明原有變量之間存在著較強的相關性，具備了因子分析的前提與必要。

表 6-12　　　偏好因行為相關係數矩陣與相關顯著性檢驗

		P1	P2	P3	P4
Correlation	P1	1.000	0.528	0.635	0.724
	P2	0.528	1.000	0.395	0.519
	P3	0.635	0.395	1.000	0.703
	P4	0.724	0.519	0.703	1.000

表6-12(續)

		P1	P2	P3	P4
Sig. (1-tailed)	P1		0.000	0.000	0.000
	P2	0.000		0.001	0.000
	P3	0.000	0.001		0.000
	P4	0.000	0.000	0.000	

a. Determinant = 0.153

表6-13給出了4個原有變量的共同度，從表中數據可以看出，所有變量共同度都在85%以上，證明提取的因子能夠包含大部分原始變量的信息，因子分析效果比較好。KMO與Bartlett球形檢驗中，*KMO*統計量等於0.793；Bartlett球形檢驗的*p*值為0，證明數據適合進行因子分析。

表6-13　　　　　　偏好因行為的探索性因子分析

偏好因行為	因子載荷	變量共同度
我喜歡與同事多交流，我們公司內部可以無束縛的交流。	0.877	0.870
我對單位舉辦的培訓很有興趣，培訓非常有用。	0.711	0.905
我喜歡提出意見與新的方案，主動幫助同事與顧客。	0.830	0.889
我很享受目前的工作，我很喜歡單位的企業文化。	0.897	0.855
KMO	0.793	
Bartlett's Test of Sphericity　　Approx. Chi-Square	100.902	
df	6	
Sig.	0.000	

探索性因子分析之后得到的各題項的因子載荷均在0.5的理想水平之上，說明該量表具有較強的結構效度。

（6）變革因行為測量量表的探索性因子分析

在表6-14前半部分原有變量的相關係數矩陣中，存在很多比較大的相關係數；表的后半部分是相關係數顯著性檢驗的*p*值，其中存在大量小於0.05的值。這些都說明原有變量之間存在著較強的相關性，具備了因子分析的前提與必要。

表 6-14　　　　變革因行為相關係數矩陣與相關顯著性檢驗

		B1	B2	B3	B4	B5	B6	B7
Correlation	B1	1.000	0.601	0.522	0.438	-0.158	-0.358	-0.090
	B2	0.601	1.000	0.667	0.493	-0.181	-0.309	-0.163
	B3	0.522	0.667	1.000	0.401	-0.124	-0.354	-0.117
	B4	0.438	0.493	0.401	1.000	-0.060	-0.136	-0.229
	B5	-0.158	-0.181	-0.124	-0.060	1.000	0.704	0.692
	B6	-0.358	-0.309	-0.354	-0.136	0.704	1.000	0.618
	B7	-0.090	-0.163	-0.117	-0.229	0.692	0.618	1.000
Sig.（1-tailed）	B1		0.000	0.000	0.000	0.123	0.003	0.254
	B2	0.000		0.000	0.000	0.091	0.010	0.115
	B3	0.000	0.000		0.001	0.182	0.004	0.195
	B4	0.000	0.000	0.001		0.330	0.159	0.045
	B5	0.123	0.091	0.182	0.330		0.000	0.000
	B6	0.003	0.010	0.004	0.159	0.000		0.000
	B7	0.254	0.115	0.195	0.045	0.000	0.000	

a. Determinant = 0.041

表 6-15 提供了 7 個原始變量的變量共同度，所有變量共同度除第四題項外都在 67% 以上，表明提取的因子能夠包含大部分原始變量的信息，因子分析效果較好。KMO 與 Bartlett 球形檢驗中，*KMO* 統計量等於 0.726；*p* 值為 0，表明數據適合進行因子分析。

表 6-15　　　　變革因行為的探索性因子分析

變革因行為	因子載荷	變量共同度
公司鼓勵員工討論工作方法的優點與不足，評價規章制度，並尋求更好的方法和指導。	0.692	0.650
決策有明確負責人來接受、解答員工的質疑並對其進行修正。	0.748	0.758
員工積極提出改進工作和發展公司的建議，建議經常得到採納並獲得相應獎勵。	0.700	0.675
公司領導積極參與知識管理活動，在知識獲取、分享、利用、創新方面起到模範作用。	0.573	0.487
顧客價值創造是企業決策的核心目標。	0.609	0.836
公司讚賞團隊精神，尊重他人的觀點與價值。	0.748	0.782

表6-15(續)

變革因行為	因子載荷	變量共同度
公司能夠在一定程度上容忍員工應用新知識而產生的錯誤。	0.598	0.761
KMO	0.726	
Bartlett's Test of Sphericity	Approx. Chi-Square	165.086
	df	21
	Sig.	0.000

探索性因子分析之后得到的各題項的因子載荷均在0.5的理想水平之上，說明該量表具有較強的結構效度。

(7) 企業績效測量量表的探索性因子分析

在表6-16前半部分原有變量的相關係數矩陣中，存在很多比較大的相關係數；表的后半部分是相關係數顯著性檢驗的 p 值，其中存在大量小於0.05的值。這些都說明原有變量之間存在著較強的相關性，具備了因子分析的前提與必要。

表6-16　　企業績效相關係數矩陣與相關顯著性檢驗

		Q1	Q2	Q3	Q4	Q5	Q6	Q7
Correlation	Q1	1.000	0.572	0.621	0.560	0.644	0.467	0.508
	Q2	0.572	1.000	0.823	0.683	0.592	0.407	0.395
	Q3	0.621	0.823	1.000	0.789	0.696	0.483	0.406
	Q4	0.560	0.683	0.789	1.000	0.655	0.518	0.624
	Q5	0.644	0.592	0.696	0.655	1.000	0.590	0.546
	Q6	0.467	0.407	0.483	0.518	0.590	1.000	0.512
	Q7	0.508	0.395	0.406	0.624	0.546	0.512	1.000
Sig.（1-tailed）	Q1		0.000	0.000	0.000	0.000	0.000	0.000
	Q2	0.000		0.000	0.000	0.000	0.001	0.001
	Q3	0.000	0.000		0.000	0.000	0.000	0.001
	Q4	0.000	0.000	0.000		0.000	0.000	0.000
	Q5	0.000	0.000	0.000	0.000		0.000	0.000
	Q6	0.000	0.001	0.000	0.000	0.000		0.000
	Q7	0.000	0.001	0.001	0.000	0.000	0.000	

a. Determinant = 0.009

表6-17列出7個原始變量的變量共同度，數據表明所有變量共同度都在85%以上，說明因子分析效果比較好，提取的因子能夠包含絕大部分原始變量

的信息。KMO 與 Bartlett 球形檢驗中，*KMO* 統計量等於 0.848；Bartlett 球形檢驗的 *p* 值為 0，證明數據非常適合進行因子分析。

表 6-17　　　　　　　　　企業績效的探索性因子分析

企業績效	因子載荷	變量共同度
我們公司新開發的產品數量與同行業其他單位相比很多。	0.781	0.610
我們公司的研發資金與同行業其他單位相比很多，項目成功率很高。	0.810	0.657
我們公司利潤與同行業其他單位相比很高。	0.875	0.766
我的收入與同行業其他單位員工相比很高。	0.871	0.758
我們公司經常改進、優化流程，流程較合理，工作效率高。	0.848	0.719
我的能力提升很快。	0.697	0.485
客戶很滿意我們的產品。	0.699	0.489

KMO		0.848
Bartlett's Test of Sphericity	Approx. Chi-Square	250.133
	df	21
	Sig.	0.000

　　探索性因子分析之后得到的五個題項的因子載荷均在 0.5 的理想水平之上，兩個題項的因子載荷接近 0.5，說明該量表具有較強的結構效度。

　　綜合 SPSS 輸出的因子負載等各項指標來看，每個題項所對應的因子，與測量量表的因子結構完全一致，因此，可以將該修正量表作為為正式測量量表。

6.5　正式抽樣與統計描述

　　為了全面反應知識能力與規則密度對行為和績效的影響，地域上選擇北京、成都、呼和浩特與廣州四個代表性的城市進行問卷調查，取樣過程中盡可能考慮多樣化的企業和企業中不同層次的員工。由於委託朋友在相關城市取樣，抽樣的範圍和分層性得不到充分的保證，但是不會影響基本的規律。問卷調查從 2009 年 6 月 12 日開始發放，到 2009 年 8 月 20 日完成，歷時 2 月左右，陸續在成都、呼和浩特、北京和廣州四個城市發放問卷 400 份，回收有效問卷 338 份。

　　表 6-18 數據顯示，被調查樣本中男女比例為 78.4∶21.6；調查人員工作

年限中，3~10 年比例最大，占到 63.6%，3 年以下和 10 年以上的工作年限所占比重大致相同；年齡分佈中，41~50 歲分佈最大，占到 41.1%，其次是 31~40 歲，占到 32.7%；職位類別中中層管理者所占比重最大，占了一半左右，其次是基層員工與高層管理者，分別是 34.6% 與 15.1%；學歷分佈中大部分為本科與大專，分別占 42.6% 與 37.6%；部門分佈中生產、其他所占比重大；從地區分佈來看，回收問卷數量大致相當；單位性質上來看，民營企業最多，占到 65.7%，其次是國有參控股企業，占 24.3%；從年銷售額來看，30 萬~100 萬最多，占 75.5%；企業規模中，單位資產在 30 萬~100 萬的小企業居多，占到 74.6%。

表 6-18　　　　　　　　　　調查問卷描述統計

項目	類別	樣本數	比重（%）	項目	類別	樣本數	比重（%）
性別	男	265	78.4	年齡	18~30 歲	58	17.4
	女	73	21.6		31~40 歲	109	32.7
工作年限	3 年以下	70	20.7		41~50 歲	137	41.1
	3~10 年	215	63.6		50 歲以上	34	10.1
	10~17 年	43	20.7	地區分佈	成都	91	27.0
	17 年以上	10	3.0		北京	83	25.0
職位類別	高層	51	15.1		廣州	86	25.0
	中層	170	50.3		呼和浩特	78	23.0
	基層	117	34.6	單位性質	國有獨資企業	13	12.0
學歷分佈	初中及以下	10	3.0		國有參控股企業	82	24.3
	職高及高中	35	10.4		外方獨資企業	6	1.8
	大專	127	37.6		合資企業	15	4.4
	本科（包括雙學位）	144	42.6		民營企業	222	65.7
	碩士及以上	22	6.5	年銷售額	0~30 萬	62	18.3
部門分佈	生產	74	21.9		30 萬~100 萬	256	75.5
	市場與營銷	64	18.9		100 萬~500 萬	18	5.3
	研發	33	9.7		500 萬~1,000 萬	1	3.0
	財務	18	5.3		1,000 萬~5,000 萬	1	3.0
	人事	27	7.9	單位資產	0~30 萬	61	18.0
	技術與售后	39	11.5		30 萬~100 萬	252	74.6
	其他	83	24.8		100 萬~500 萬	22	6.5
					500 萬~1,000 萬	3	0.9

7 組織結構對個體行為與企業績效的影響模型實證分析

7.1 知識與規則對個體行為與企業績效的影響模型分析

在問卷回收以後對其進行了信度、效度分析，數據採用SPSS17.0分析。測度模型的內在結構驗證結果表明，各個變量的內部一致性指標Cronbach α系數均大於臨界值0.7；構建信度（Construct Reliability, CR）均大於臨界值0.6，問卷的信度、效度較好。根據上一章構建的理論模型，用Amos6.0軟件建立結構方程模型，並對數據進行分析，測度模型的整體擬合優度驗證結果見表7-1。一般認為：RMSEA低於0.1表示好的擬合，低於0.05表示非常好的擬合。GFI、AGFI、NFI等幾項指標的值達到0.9時，通常認為該模型具有較好的擬合效果；在0.8至0.9之間時，認為該模型的擬合效果是可以接受的。絕對擬合優度指數CFI越接近1，以及RMSEA越小，說明測度模型的擬合狀況越理想；增值擬合優度指數NNFI越大，擬合越好，模型的NNFI = 0.929，也表明應該接受該測度模型。

表 7-1　　　　　　　　　模型的擬合度指標

指標	χ^2	df	χ^2/df	p	GFI	AGFI	NNFI	CFI	RMSEA
數值	2,848.325	766.000	3.718	0.000	0.990	0.925	0.929	0.716	0.090

結構方程模型的方差估計結果見表7-2。方差估計在99%的水平下顯著（表中 *** 表示在0.01水平上顯著），t值（表中C. R）總體上比較顯著。

表 7-2　　　　　　　　　　方差估計結果

	Estimate	S.E.	C.R.	P	Label
知識能力	0.219	.044	4.959	***	
規則密度	0.633	0.068	9.273	***	
e42	−0.112	0.024	−4.683	***	
e43	0.088	0.036	2.463	0.014	
e44	0.112	0.029	3.829	***	
e45	0.193	0.031	6.274	***	
e46		0.236	0.035	6.714	***
e6		0.274	0.026	10.697	***
e7		0.288	0.028	10.288	***
e8		0.350	0.030	11.528	***
e9		0.419	0.038	11.121	***
e10		0.456	0.039	11.587	***
e11		0.509	0.042	11.999	***
e12		0.589	0.047	12.569	***
e13		0.564	0.045	12.585	***
e14		0.485	0.040	12.050	***
e15		0.495	0.039	12.686	***
e16		0.713	0.056	12.759	***
e17		1.163	0.091	12.838	***
e18		1.238	0.097	12.809	***
e1		0.491	0.041	12.012	***
e2		3.150	0.244	12.898	***
e3		0.986	0.077	12.825	***
e4		0.833	0.066	12.559	***
e5		0.630	0.051	12.248	***
e19		1.258	0.100	12.605	***
e20		1.977	0.153	12.881	***
e21		1.012	0.080	12.640	***
e22		0.347	0.050	6.965	***
e23		0.316	0.059	5.377	***
e24		0.411	0.040	10.298	***

表7-2(續)

	Estimate	S.E.	C.R.	P	Label
e25		0.536	0.045	11.995	***
e26		0.445	0.040	11.040	***
e27		0.578	0.051	11.446	***
e28		0.343	0.033	10.252	***
e29		0.220	0.026	8.568	***
e30		0.380	0.036	10.484	***
e31		0.650	0.054	11.991	***
e32		1.251	0.097	12.924	***
e33		2.353	0.182	12.919	***
e34		1.354	0.105	12.916	***
e35		0.494	0.043	11.408	***
e36		0.741	0.061	12.080	***
e37		0.326	0.033	9.979	***
e38		0.379	0.038	9.915	***
e39		0.512	0.045	11.290	***
e40		0.573	0.048	12.039	***
e41		0.778	0.063	12.338	***

從修正指數上看，也不需要對模型進行調整，修正指數見表7-3。

表 7-3　　　　　　　　　　修正指數

Iteration	Negative	Smallest	Diameter	F	NTries	Ratio
0	15	-0.864	9,999.000	8,085.419	0	9,999.000
1	14	-0.218	3.289	5,460.898	19	0.395
2	4	-0.106	1.559	4,132.213	4	0.838
3	2	-0.060	1.075	3,663.558	5	0.797
4	2	-0.106	1.175	3,445.335	6	0.834
5	2	-0.040	1.683	3,172.160	5	0.902
6	1	-0.036	0.356	3,107.930	7	0.722
7	1	-0.021	1.022	3,013.828	11	0.888
8	1	-0.029	0.666	2,976.170	6	0.786
9	0		1.226	2,930.973	8	0.972

表7-3(續)

Iteration	Negative	Smallest	Diameter	F	NTries	Ratio
10	0		1.092	2,906.873	2	0.000
11	0		1.577	2,882.803	1	1.197
12	0		1.454	2,869.995	1	1.294
13	0		1.872	2,864.325	1	0.912
14	0		1.267	2,857.773	1	1.203
15	0		1.315	2,855.662	2	0.000
16	0		1.491	2,853.118	1	1.313
17	0		2.203	2,852.584	1	0.389
18	0		1.112	2,850.459	1	1.119
19	0		1.467	2,850.056	2	0.000
20	0		1.149	2,849.364	1	1.214
21	0		1.292	2,849.123	2	0.000
22	0		1.108	2,848.809	1	1.274
23	0		0.979	2,848.680	2	0.000
24	0		1.127	2,848.539	1	1.321
25	0		1.116	2,848.455	1	1.206
26	0		0.728	2,848.394	1	1.305
27	0		0.916	2,848.370	1	0.782
28	0		0.353	2,848.339	1	1.126
29	0		0.348	2,848.332	2	0.000
30	0		0.312	2,848.327	1	1.256
31	0		0.198	2,848.325	1	1.200
32	0		0.084	2,848.325	1	1.131
33	0		0.022	2,848.325	1	1.040
34	0		0.001	2,848.325	1	1.003
35	0		0.000	2,848.325	1	21.039

結構方程模型的一般路徑分析結果見表7-4。其中路徑系數顯著性 p 值大部分小於0.05，總體來看，在95%的水平下顯著。

表 7-4　　　　　　　　　最優模型路徑系數估計

	標準化路徑系數估計	S.E.	C.R.	P	Label
價值因行為 ← 知識能力	16.628	7.471	2.226	0.026	
程式因行為 ← 知識能力	−1.837	0.992	1.852	0.044	
變革因行為 ← 規則密度	−8.500	3.915	−2.171	0.030	
價值因行為 ← 規則密度	0.133	4.330	2.180	0.029	
程式因行為 ← 規則密度	1.866	0.563	1.538	0.024	
偏好因行為 ← 規則密度	−8.815	4.085	−2.158	0.031	
變革因行為 ← 知識能力	15.037	6.755	2.226	0.026	
偏好因行為 ← 知識能力	15.726	7.049	2.231	0.026	
企業績效 ← 價值因行為	0.307	0.319	0.961	0.036	
企業績效 ← 程式因行為	−2.321	0.132	−2.434	0.015	
企業績效 ← 偏好因行為	0.384	0.185	2.082	0.037	
企業績效 ← 變革因行為	1.051	0.139	0.369	0.012	
知識能力 ↔ 規則密度	−0.838	0.181	0.320	0.354	
G1 ← 規則密度	1.000				
G2 ← 規則密度	1.109	0.057	19.320	***	
G3 ← 規則密度	0.900	0.054	16.525	***	
G4 ← 規則密度	1.115	0.063	17.712	***	
G5 ← 規則密度	1.009	0.062	16.354	***	
G6 ← 規則密度	0.891	0.061	14.562	***	
Z1 ← 知識能力	1.000				
Z2 ← 知識能力	1.035	0.132	7.812	***	
Z3 ← 知識能力	1.497	0.163	9.181	***	
Z4 ← 知識能力	0.831	0.115	7.222	***	
Z5 ← 知識能力	0.851	0.129	6.584	***	
J1 ← 價值因行為	1.000				
J2 ← 價值因行為	1.059	0.159	6.645	***	
J3 ← 價值因行為	0.746	0.093	8.020	***	
J4 ← 價值因行為	1.019	0.096	10.633	***	
J5 ← 價值因行為	1.046	0.089	11.721	***	
C1 ← 程式因行為	1.000				
C2 ← 程式因行為	0.337	0.256	1.313	0.189	

表7-4(續)

	標準化路徑系數估計	S.E.	C.R.	P	Label
C3 ← 程式因行為	0.846	0.244	3.464	***	
C4 ← 程式因行為	2.027	0.421	4.815	***	
C5 ← 程式因行為	2.299	0.478	4.809	***	
P1 ← 偏好因行為	1.000				
P2 ← 偏好因行為	0.716	0.063	11.431	***	
P3 ← 偏好因行為	0.892	0.064	13.858	***	
P4 ← 偏好因行為	0.918	0.070	13.099	***	
B1 ← 變革因行為	1.000				
B2 ← 變革因行為	1.019	0.056	18.074	***	
B3 ← 變革因行為	1.011	0.062	16.236	***	
B4 ← 變革因行為	0.841	0.068	12.407	***	
B5 ← 變革因行為	0.159	0.080	1.995	0.046	
B6 ← 變革因行為	0.108	0.109	0.990	0.322	
B7 ← 變革因行為	0.106	0.083	1.286	0.198	
Q1 ← 企業績效	1.000				
Q2 ← 企業績效	0.937	0.081	11.599	***	
Q3 ← 企業績效	1.125	0.074	15.273	***	
Q4 ← 企業績效	1.228	0.080	15.329	***	
Q5 ← 企業績效	1.061	0.078	13.684	***	
Q6 ← 企業績效	0.829	0.071	11.622	***	
Q7 ← 企業績效	0.802	0.078	10.289	***	
Z6 ← 知識能力	0.707	0.146	4.833	***	
Z7 ← 知識能力	-0.688	0.150	4.598	***	

(1) 規則密度對個體行為的影響

規則密度到價值因行為的標準化路徑系數是0.133，說明規則密度到價值因行為的直接效應是0.133，當其他條件不變時，「規則密度」潛變量每提升1個單位，「價值因行為」潛變量將直接提升0.133個單位，因此假設「H1a⁻：大規則密度會減少價值因行為」不成立；規則密度到程式因行為的標準化路徑系數是1.866，說明規則密度到程式因行為的直接效應是1.866，當其他條件不變時，「規則密度」潛變量每提升1個單位，「程式因行為」潛變量將直接提升1.866個單位，因此假設「H1b⁺：大規則密度會促進程式因行為」得

到驗證；規則密度到偏好因行為的標準化路徑系數是-8.815，說明規則密度到偏好因行為的直接效應是-8.815，當其他條件不變時，「規則密度」潛變量每提升1個單位，「偏好因行為」潛變量將直接減少8.815個單位，因此假設「H1c⁻：大規則密度會減少偏好因行為」得到驗證；規則密度到變革因行為的標準化路徑系數是-8.5，說明規則密度到變革因行為的直接效應是-8.5，當其他條件不變時，「規則密度」潛變量每提升1個單位，「變革因行為」潛變量將直接減少8.5個單位，因此假設「H1d⁻：大規則密度會減少變革因行為」得到驗證。

(2) 知識能力對個體行為的影響

知識能力到價值因行為的標準化路徑系數是16.628，說明知識能力到價值因行為的直接效應是16.628，當其他條件不變時，「知識能力」潛變量每提升1個單位，「價值因行為」潛變量將直接提升16.628個單位，因此假設「H2a⁺：強知識能力會增進價值因行為」得到驗證；知識能力到程式因行為的標準化路徑系數是-1.837，說明知識能力到程式因行為的直接效應是-1.837，當其他條件不變時，「知識能力」潛變量每提升1個單位，「程式因行為」潛變量將直接減少1.837個單位，因此假設「H2b⁻：強知識能力會減少程式因行為」得到驗證；知識能力到偏好因行為的標準化路徑系數是15.726，說明知識能力到偏好因行為的直接效應是15.726，當其他條件不變時，「知識能力」潛變量每提升1個單位，「偏好因行為」潛變量將直接提升15.726個單位，因此假設「H2c⁺：強知識能力會增進偏好因行為」得到驗證；知識能力到變革因行為的標準化路徑系數是15.037，說明知識能力到變革因行為的直接效應是15.037，當其他條件不變時，「知識能力」潛變量每提升1個單位，「變革因行為」潛變量將直接提升15.037個單位，因此假設「H2d⁺：強知識能力會增進變革因行為」得到驗證。

(3) 個體行為對企業績效的影響

價值因行為到企業績效的標準化路徑系數是0.307，說明價值因行為到企業績效的直接效應是0.307，當其他條件不變時，「價值因行為」潛變量每提升1個單位，「企業績效」潛變量將直接提升0.307個單位，因此假設「H4a⁺：價值因行為有助於提高企業績效」得到驗證；程式因行為到企業績效的標準化路徑系數是-2.32，說明程式因行為到企業績效的直接效應是-2.32，當其他條件不變時，「程式因行為」潛變量每提升1個單位，「企業績效」潛變量將直接減少2.32個單位，因此假設「H4b⁺：程式因行為不利於提高企業績效」得到驗證；偏好因行為到企業績效的標準化路徑系數是0.38，說明偏

好因行為到企業績效的直接效應是 0.38，當其他條件不變時，「偏好因行為」潛變量每提升 1 個單位，「企業績效」潛變量將直接提升 0.38 個單位，因此假設「H4c⁺：偏好因行為有助於提高企業績效」得到驗證；變革因行為到企業績效的標準化路徑系數是 1.051，說明變革因行為到企業績效的直接效應是 1.051，當其他條件不變時，「變革因行為」潛變量每提升 1 個單位，「企業績效」潛變量將直接提升 1.051 個單位，因此假設「H4d⁺：變革因行為有助於提高企業績效」得到驗證。

(4) 知識能力與規則密度的相關性

知識能力與規則密度的標準化路徑系數是-0.838，說明知識能力與規則密度的相關係數為-0.838，當其他條件不變時，「知識能力」潛變量如果是 1 個單位，「價值因行為」潛變量就處於-0.838 個單位的水平，因此假設「H5⁻：規則密度與知識能力顯著負相關」得到驗證。

7.2 個體行為間的相關性分析

在問卷回收以後對其進行了信度、效度分析，數據採用 SPSS17.0 分析。測度模型的內在結構驗證結果表明，各個變量的內部一致性指標 Cronbach α 系數均大於臨界值 0.7；構建信度（Construct Reliability，CR）均大於臨界值 0.6，問卷的信度、效度較好。根據上一章建立的理論模型，用 Amos6.0 軟件建立結構方程模型並進行分析，測度模型的整體擬合優度驗證結果見表 7-5。一般來說，RMSEA 低於 0.1 表示好的擬合，低於 0.05 表示非常好的擬合。GFI、AGFI、NFI 等幾項指標的值達到 0.9 時，通常認為該模型具有較好的擬合效果；在 0.8 至 0.9 之間時，認為該模型的擬合效果是可以接受的。絕對擬合優度指數 CFI 越接近 1，及 RMSEA 越小，表明測度模型的擬合情況越好；增值擬合優度指數 NNFI 越大，擬合越好，模型的 NNFI = 0.890，也表明應該接受該測度模型。

表 7-5　　　　　　　模型的擬合度指標

指標	χ^2	df	χ^2/df	p	GFI	AGFI	NNFI	CFI	RMSEA
數值	1,068.582	183.000	5.839	0.000	0.928	0.908	0.890	0.702	0.020

結構方程模型的方差估計結果見表 7-6。方差估計在 99% 的水平下顯著（表中 *** 表示在 0.01 水平上顯著），t 值（表中 C.R）大部分都大於 2，比較

顯著。

表 7-6　　　　　　　　　　方差估計結果

	Estimate	S. E.	C. R.	P	Label
價值因行為	0.431	0.062	6.922	***	
程式因行為	0.442	0.094	4.689	***	
偏好因行為	0.629	0.079	7.950	***	
變革因行為	0.652	0.075	8.699	***	
e1	0.498	0.041	12.076	***	
e2	3.142	0.244	12.899	***	
e3	0.990	0.077	12.833	***	
e4	0.828	0.066	12.555	***	
e5	0.615	0.050	12.188	***	
e19	0.938	0.090	10.473	***	
e20	1.987	0.154	12.896	***	
e21	0.637	0.070	9.061	***	
e22	0.714	0.060	11.977	***	
e23	0.779	0.066	11.753	***	
e24	0.433	0.042	10.216	***	
e25	0.523	0.044	11.767	***	
e26	0.453	0.042	10.844	***	
e27	0.551	0.050	11.034	***	
e28	0.346	0.033	10.355	***	
e29	0.218	0.025	8.605	***	
e30	0.378	0.036	10.510	***	
e31	0.650	0.054	12.012	***	
e32	1.252	0.097	12.926	***	
e33	2.354	0.182	12.919	***	
e34	1.355	0.105	12.917	***	

從修正指數上看，也不需要對模型進行調整，修正指數見表 7-7。

表 7-7　　　　　　　　　　　修正指數

Iteration	Negative eigenvalues	Condition #	Smallest eigenvalue	Diameter	F	NTries	Ratio
0	e	13		-0.640	9,999.000	3,275.774	0	9,999.000
1	e*	8		-0.679	2.642	1,839.925	20	0.482
2	e	3		-0.319	0.461	1,492.398	6	0.988
3	e	2		-0.034	0.188	1,378.567	5	0.862
4	e	0	2,218.411		0.589	1,181.467	7	0.819
5	e	0	860.938		0.477	1,131.474	4	0.000
6	e	0	735.938		0.776	1,077.378	1	0.863
7	e	0	834.722		0.257	1,069.157	1	0.994
8	e	0	979.641		0.027	1,068.586	1	1.045
9	e	0	981.978		0.007	1,068.582	1	1.011
10	e	0	1,000.867		0.000	1,068.582	1	1.000

　　結構方程模型的一般路徑分析結果見表 7-8。其中路徑係數顯著性 p 值均小於 0.05，說明結果在 95%的水平下顯著。

表 7-8　　　　　　　　最優模型路徑係數估計

	標準化路徑係數估計	S.E.	C.R.	P	Label
價值因行為 ⟷ 程式因行為	-0.200	0.051	6.378	***	
價值因行為 ⟷ 偏好因行為	0.364	0.057	9.178	***	
變革因行為 ⟷ 價值因行為	0.531	0.055	9.171	***	
變革因行為 ⟷ 程式因行為	-0.453	0.058	6.709	***	
變革因行為 ⟷ 偏好因行為	0.564	0.055	8.611	***	
程式因行為 ⟷ 偏好因行為	-0.571	0.055	6.138	***	

　　價值因行為與程式因行為的標準化路徑係數是-0.2，說明價值因行為與程式因行為的相關係數為-0.2，當其他條件不變時，「價值因行為」潛變量是1個單位，「程式因行為」潛變量處於-0.2個單位，因此假設「H3a⁻：價值因行為與程式因行為顯著負相關」得到驗證；價值因行為與偏好因行為的標準化路徑係數是 0.364，說明價值因行為與偏好因行為的相關係數為 0.364，當其他條件不變時，「價值因行為」潛變量是1個單位，「偏好因行為」潛變量處於 0.364 個單位，因此假設「H3b⁺：價值因行為與偏好因行為顯著正相關」得到驗證；價值因行為與變革因行為的標準化路徑係數是 0.531，說明價值因

行為與變革因行為的相關係數為 0.531，當其他條件不變時，「價值因行為」潛變量是 1 個單位，「變革因行為」潛變量處於 0.531 個單位，因此假設「H3c$^+$：價值因行為與變革因行為顯著正相關」得到驗證；程式因行為與偏好因行為的標準化路徑係數是-0.571，說明程式因行為與偏好因行為的相關係數為-0.571，當其他條件不變時，「程式因行為」潛變量是 1 個單位，「偏好因行為」潛變量處於-0.571 個單位，因此假設「H3d$^-$：程式因行為與偏好因行為顯著負相關」得到驗證；程式因行為與變革因行為的標準化路徑係數是-0.453，說明程式因行為與變革因行為的相關係數為-0.453，當其他條件不變時，「程式因行為」潛變量是 1 個單位，「變革因行為」潛變量處於-0.453 個單位，因此假設「H3e$^+$：程式因行為與變革因行為顯著正相關」不成立；偏好因行為與變革因行為的標準化路徑係數是 0.564，說明偏好因行為與變革因行為的相關係數為 0.564，當其他條件不變時，「偏好因行為」潛變量是 1 個單位，「變革因行為」潛變量處於 0.564 個單位，因此假設「H3f：偏好因行為與變革因行為顯著負相關」不成立。

7.3 假設的實證檢驗

結構方程擬合結果如圖 7-1，從中可以看出，大規則密度對價值因行為具有正向的影響，系數為 0.13，我們深入分析了相關數據，發現接受調查的企業中有一些處於知識能力和規則密度都很小的境況，所以規則密度對價值因行為、知識的引入與擴散有一定正向作用。企業規則密度越大，程式因行為越多，成員用在程式因的標準化行為上的精力就越多，員工喜好的行為方式被弱化。在調查過程中也發現，越是規則密度大的企業，成員工作的享受和偏好卻反而不如小規則密度的企業，大規則密度企業的變革行為也較少，因為標準化的流程與長期習慣難以改變。結果顯示，強知識能力會促進程式因行為以外的三種行為並會減少程式因行為，成員有更多的時間和精力用在價值創造、創新、變革和偏好的事務上。

價值因行為越多，程式因行為越少；價值因行為越多，偏好因行為越多，成員創造價值越多，滿足感和偏好感越強，越喜歡和享受工作；價值因行為越多，激勵成員更加努力把工作做好，變革因行為也越多；數據顯示程式因行為與變革因行為並不存在正相關，程序性活動增多對變革性活動並不利；偏好因行為與變革因行為也不存在顯著負相關，成員越是偏好企業環境，所產生的變

革因行為越多，他們更期冀企業績效的改善。

四種行為中除了程式因行為外，其他活動均利於提高企業績效；規則密度與知識能力顯著負相關，規則密度大的企業知識能力弱。檢驗結果匯總如下（如表 7-9）。

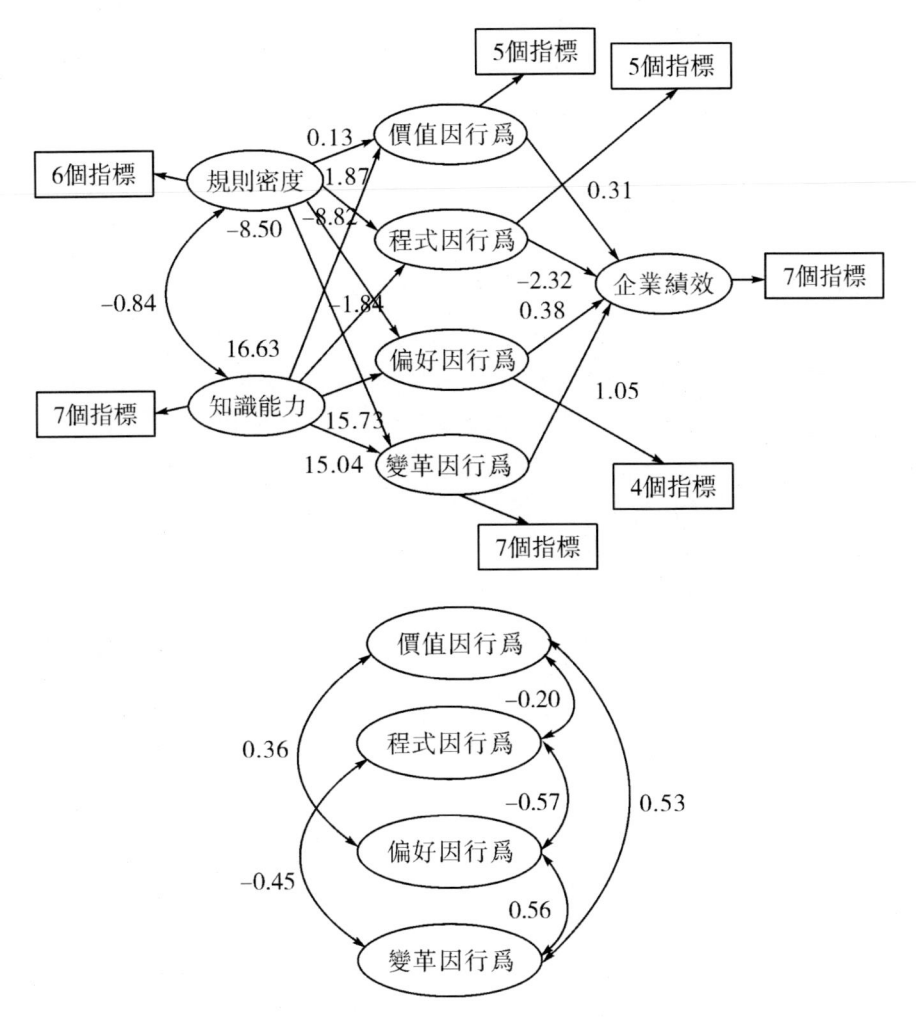

圖 7-1　規則密度與知識能力對個體行為與企業績效影響的 SEM 結果

表 7-9　　　　　　　　　　假設檢驗結果

編號	假設	結果
H1a	大規則密度會減少價值因行為	不支持
H1b	大規則密度會促進程式因行為	支持
H1c	大規則密度會減少偏好因行為	支持

7　組織結構對個體行為與企業績效的影響模型實證分析 115

表7-9(續)

編號	假設	結果
H1d	大規則密度會減少變革因行為	支持
H2a	強知識能力會增進價值因行為	支持
H2b	強知識能力會減少程式因行為	支持
H2c	強知識能力會增進偏好因行為	支持
H2d	強知識能力會增進變革因行為	支持
H3a	價值因行為與程式因行為顯著負相關	支持
H3b	價值因行為與偏好因行為顯著正相關	支持
H3c	價值因行為與變革因行為顯著正相關	支持
H3d	程式因行為與偏好因行為顯著負相關	支持
H3e	程式因行為與變革因行為顯著正相關	不支持
H3f	偏好因行為與變革因行為顯著負相關	不支持
H4a	價值因行為有助於提高企業績效	支持
H4b	程式因行為不利於提高企業績效	支持
H4c	偏好因行為有助於提高企業績效	支持
H4d	變革因行為有助於提高企業績效	支持
H5	規則密度與知識能力顯著負相關	支持

7.4 組織結構對個體行為與企業績效的影響模型分析

(1) 組織結構的聚類分析

聚類分析能夠把性質相近的研究對象歸納為一類，同一類的研究對象具有高度的相似性與同質性。從知識能力與規則密度這兩個維度把組織結構劃分為四類，通過這兩個維度因子對338個有效樣本進行聚類分析。我們已知的聚類對象分為四類，根據這個初始分類，然后逐步調整，最后得到最終的結果，這樣就特別適合做K均值聚類。經過迭代運算后，根據類別間終止聚類時中心值（Final Cluster Centers）把組織結構分為四類：關係型組織結構（規則密度小，知識能力低）、集權型組織結構（規則密度大，知識能力低）、分權型組織結構（規則密度大，知識能力高）和靈動型組織結構（規則密度小，知識能力高）。從方差分析結果來看，規則密度 $F = 114.400$，知識能力 $F = 172.505$，均遠大於2；P 值為0，均小於0.01，聚類效果較好，說明從這兩個

維度將樣本分為四類較為理想。在 338 個總樣本中，關係型組織結構樣本 63 個，集權型組織結構樣本 177 個，分權型組織結構樣本 74 個，靈動型組織結構樣本 24 個。分析結果見表 7-10。

表 7-10　　從規則密度與知識能力兩個維度分類的組織結構

變量	類別方差（ANOVA）值				F	P
	關係型組織結構	集權型組織結構	分權型組織結構	靈動型組織結構		
規則密度	13.949	50.997	49.041	37.650	114.400	0.000
知識能力	14.544	29.057	42.597	68.140	172.505	0.000
樣本數（個）	63	177	74	24	總計：338	

（2）組織結構與價值因行為相關性的判別分析

這裡來討論組織結構與價值因行為相關性的問題，通過先前的聚類分析，把組織結構從規則密度與知識能力兩個維度分為四類，據此展開判別分析。總體上來看 Wilks Lambda 統計量為 0.217，$P=0.000$，表明價值因行為可以對組織結構做較好的判別分析。具體判別結果見表 7-11，在 338 個樣本中，關係型組織樣本 63 個，能解釋價值因行為的樣本數 37 個，解釋度 59.1%，關係型組織結構與價值因行為判別系數 $r=-1.323$，兩者顯著負相關；集權型組織樣本 177 個，能解釋價值因行為的樣本數 110 個，解釋度 62%，集權型組織結構與價值因行為判別系數 $r=0.547$，兩者正相關；分權型組織樣本 74 個，能解釋價值因行為的樣本數 49 個，解釋度 66.7%，分權型組織結構與價值因行為判別系數 $r=0.949$，兩者正相關；靈動型組織樣本 24 個，能解釋價值因行為的樣本數 13 個，解釋度 54%，靈動型組織結構與價值因行為判別系數 $r=2.544$，兩者顯著正相關。

表 7-11　　組織結構與價值因行為相關性判別結果

變量	判別分析	
	關係型組織結構	集權型組織結構
價值因行為	能正確解釋的樣本 37 個，解釋度 59.1%，判別系數-1.323	能正確解釋的樣本 110 個，解釋度 62%，判別系數 0.547
	分權型組織結構	靈動型組織結構
	能正確解釋的樣本 49 個，解釋度 66.7%，判別系數 0.949	能正確解釋的樣本 13 個，解釋度 54%，判別系數 2.544

（3）組織結構與偏好因行為相關性的判別分析

接著來討論組織結構與偏好因行為相關性的問題，通過先前的聚類分析，把組織結構從規則密度與知識能力兩個維度分為四類，據此展開判別分析。總體上來看 Wilks Lambda 統計量為 0.329，$P=0.000$，表明偏好因行為可以對組織結構做較好的判別分析。具體判別結果見表 7-12，在 338 個樣本中，關係型組織樣本 63 個，能解釋偏好因行為的樣本數 32 個，解釋度 50.8%，關係型組織結構與偏好因行為判別系數 $r=2.061$，兩者顯著正相關；集權型組織樣本 177 個，能解釋偏好因行為的樣本數 109 個，解釋度 61.6%，集權型組織結構與偏好因行為判別系數 $r=-1.064$，兩者顯著負相關；分權型組織樣本 74 個，能解釋偏好因行為的樣本數 38 個，解釋度 51.4%，分權型組織結構與偏好因行為判別系數 $r=1.194$，兩者顯著正相關；靈動型組織樣本 24 個，能解釋偏好因行為的樣本數 10 個，解釋度 41.6%，靈動型組織結構與偏好因行為判別系數 $r=2.329$，兩者顯著正相關。

表 7-12　　組織結構與偏好因行為相關性判別結果

變量	判別分析	
	關係型組織結構	集權型組織結構
偏好因行為	能正確解釋的樣本 32 個，解釋度 50.8%，判別系數 2.061	能正確解釋的樣本 109 個，解釋度 61.6%，判別系數 -1.064
	分權型組織結構	靈動型組織結構
	能正確解釋的樣本 38 個，解釋度 51.4%，判別系數 1.194	能正確解釋的樣本 10 個，解釋度 41.6%，判別系數 2.329

（4）組織結構與程式因行為相關性的判別分析

然后來討論組織結構與程式因行為相關性的問題，通過先前的聚類分析，把組織結構從規則密度與知識能力兩個維度分為四類，據此展開判別分析。總體上來看 Wilks Lambda 統計量為 0.446，$P=0.000$，表明程式因行為可以對組織結構做較好的判別分析。具體判別結果見表 7-13，在 338 個樣本中，關係型組織樣本 63 個，能解釋程式因行為的樣本數 39 個，解釋度 61.9%，關係型組織結構與程式因行為判別系數 $r=-1.035$，兩者顯著負相關；集權型組織樣本 177 個，能解釋程式因行為的樣本數 123 個，解釋度 69.5%，集權型組織結構與程式因行為判別系數 $r=2.528$，兩者顯著正相關；分權型組織樣本 74 個，能解釋程式因行為的樣本數 41 個，解釋度 55.4%，分權型組織結構與程式因行為判別系數 $r=1.140$，兩者顯著正相關；靈動型組織樣本 24 個，能解釋程

式因行為的樣本數 14 個，解釋度 58.3%，靈動型組織結構與程式因行為判別係數 $r=-2.214$，兩者顯著負相關。

表 7-13　　組織結構與程式因行為相關性判別結果

變量	判別分析	
程式因行為	關係型組織結構	集權型組織結構
	能正確解釋的樣本 39 個，解釋度 61.9%，判別系數-1.035	能正確解釋的樣本 123 個，解釋度 69.5%，判別系數 2.528
	分權型組織結構	靈動型組織結構
	能正確解釋的樣本 41 個，解釋度 55.4%，判別系數 1.140	能正確解釋的樣本 10 個，解釋度 58.3%，判別系數-2.214

（5）組織結構與變革因行為相關性的判別分析

最后來討論組織結構與變革因行為相關性的問題，通過先前的聚類分析，把組織結構從規則密度與知識能力兩個維度分為四類，據此展開判別分析。總體上來看 Wilks Lambda 統計量為 0.319，$P=0.000$，表明變革因行為可以對組織結構做較好的判別分析。具體判別結果見表 7-14，在 338 個樣本中，關係型組織樣本 63 個，能解釋變革因行為的樣本數 40 個，解釋度 63.5%，關係型組織結構與變革因行為判別系數 $r=-1.322$，兩者顯著負相關；集權型組織樣本 177 個，能解釋變革因行為的樣本數 133 個，解釋度 75.1%，集權型組織結構與變革因行為判別系數 $r=-1.155$，兩者顯著負相關；分權型組織樣本 74 個，能解釋變革因行為的樣本數 46 個，解釋度 62.1%，分權型組織結構與變革因行為判別系數 $r=1.514$，兩者顯著正相關；靈動型組織樣本 24 個，能解釋變革因行為的樣本數 11 個，解釋度 45.8%，靈動型組織結構與變革因行為判別系數 $r=2.692$，兩者顯著正相關。

表 7-14　　組織結構與變革因行為相關性判別結果

變量	判別分析	
變革因行為	關係型組織結構	集權型組織結構
	能正確解釋的樣本 40 個，解釋度 63.5%，判別系數-1.322	能正確解釋的樣本 133 個，解釋度 75.1%，判別系數-1.155
	分權型組織結構	靈動型組織結構
	能正確解釋的樣本 46 個，解釋度 62.1%，判別系數 1.514	能正確解釋的樣本 11 個，解釋度 45.8%，判別系數 2.692

研究的理論模型與實證結果說明了，組織結構會對個體行為產生重要的影響。在關係型組織中，組織結構與偏好因行為顯著正相關，與價值因、程式因、變革因等個體行為負相關。在關係型組織中，偏好因行為占到很大的比例；集權型組織結構與程式因、價值因行為顯著正相關，與偏好因、變革因行為負相關。在集權型組織中，價值因行為與程式因行為占到很大的比例；在分權型組織中，組織結構與價值因、偏好因、程式因、變革因行為均正相關。在分權型組織中，四種個體行為比例大致相同；靈動型組織結構與價值因、偏好因、變革因行為顯著正相關，與程式因行為顯著負相關。在靈動型組織中，價值因、偏好因、變革因行為占到很大的比例。圖7-2形象地描述了不同組織結構中各種個體行為的分佈狀況。

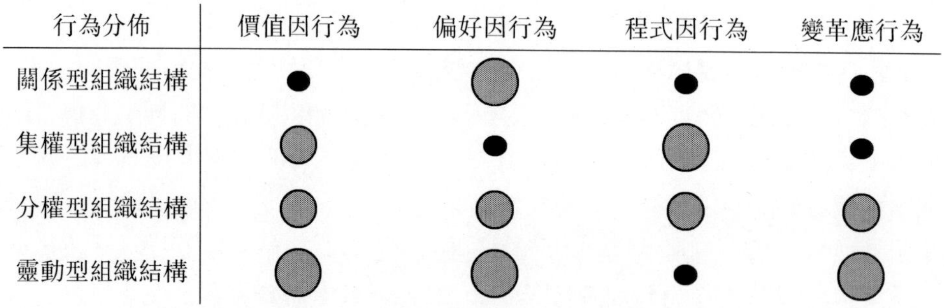

行為分佈	價值因行為	偏好因行為	程式因行為	變革應行為
關係型組織結構	●	○	●	●
集權型組織結構	○	●	○	●
分權型組織結構	○	○	○	○
靈動型組織結構	○	○	●	○

註：圓點大小，代表各種行為的比例大小；深色的圓表示負相關，淺色的圓表示正相關。

圖7-2　組織結構的個體行為分佈圖

（6）組織結構與企業績效相關性的判別分析

通過先前的聚類分析，把組織結構從規則密度與知識能力兩個維度分為四類，據此展開對組織結構與企業績效相關性的判別分析。總體上來看 Wilks Lambda 統計量為0.413，$P=0.000$，表明企業績效可以對組織結構做較好的判別分析。具體判別結果見表7-15，在338個樣本中，關係型組織樣本63個，能解釋企業績效的樣本數32個，解釋度50.8%，關係型組織結構與企業績效判別係數$r=-1.462$，兩者顯著負相關；集權型組織樣本177個，能解釋企業績效的樣本數81個，解釋度45.8%，集權型組織結構與企業績效判別係數$r=0.137$，兩者正相關；分權型組織樣本74個，能解釋企業績效的樣本數32個，解釋度43.2%，分權型組織結構與企業績效判別係數$r=1.308$，兩者顯著正相關；靈動型組織樣本24個，能解釋企業績效的樣本數9個，解釋度37.5%，靈動型組織結構與企業績效判別係數$r=3.147$，兩者顯著正相關。

表 7-15　　　　　組織結構與企業績效相關性判別結果

變量	判別分析	
企業績效	關係型組織結構	集權型組織結構
	能正確解釋的樣本 32 個，解釋度 50.8%，判別系數-1.462	能正確解釋的樣本 81 個，解釋度 45.8%，判別系數 0.137
	分權型組織結構	靈動型組織結構
	能正確解釋的樣本 32 個，解釋度 43.2%，判別系數 1.308	能正確解釋的樣本 9 個，解釋度 37.5%，判別系數 3.147

　　研究結果說明了，組織結構會對企業績效產生巨大的影響。在關係型組織中，組織結構與企業績效顯著負相關；集權型組織結構與企業績效正相關；在分權型組織中，組織結構與企業績效顯著正相關；靈動型組織結構與企業績效顯著正相關。組織結構隨著知識能力的不斷擴大與規則密度的不斷降低，企業績效不斷增加。圖 7-3 形象地描述了不同組織結構中企業績效的大小。

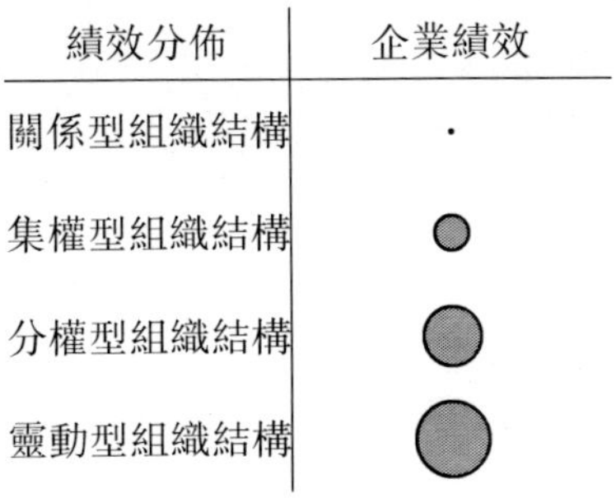

註：圓點大小，代表企業績效的大小；深色的圓表示負相關，淺色的圓表示正相關。

圖 7-3　組織結構的績效行為分佈圖

8 研究啟示與靈動管理的提出

實踐中發現很多組織成員從過去到現在一直做了很多無用功。這些問題早已發現，但很多時候非要等到組織面臨崩潰的時候組織成員才開始思考如何解決。為何組織成員會做著不喜歡做的事或者無效率的事情，不去改變呢？現今，成為靈活機動、反應敏捷的現代企業，對於大企業與知識密集型企業來講，是它們夢寐以求的。這樣才能夠對各種信息與知識進行全面、即時地把握和分析處理，使組織內部進行快速、靈活的管理優化，充分調動和發揮員工的創造力與積極性，以適應外部環境的迅猛變遷，並時刻保持組織的高效率和對客戶的優質服務。這種管理模式的建立不僅使企業獲得巨大的競爭力，也使企業獲得巨大的制度優勢。當其他企業還在繁雜規則的羈絆下劃一行走，靈動企業自由馳騁，員工的靈活性與自由度大幅提升，企業的凝聚力大大增強，並吸引著新資源的不斷加入。

8.1 企業環境的巨大變化

8.1.1 競爭更加激烈

知識經濟中企業的經營環境發生了巨大的變化（如圖 8-1）。資本的大量累積使其稀缺性逐漸減少，資本不再成為競爭的主要壁壘，企業更多尋求新知識帶來的利潤。企業環境中的組織實體，如競爭者、客戶和供應商的數目增加且迅速變化，使組織環境複雜性不斷提高。新的信息技術與物流技術使組織能夠與更大範圍的環境進行接觸與交換。激烈的競爭使組織的外部環境變化更加劇烈，諸如企業間的合作、客戶需求的變化等事件發生的速度顯著提高。

8.1.2 集中核心知識與供應商協作

知識的增加使單個社會單位能夠發現和利用更多技術的、經濟的和社會的

機會，使組織的多樣性和相互依賴性增強。組織必須把注意力放在它的核心能力上，這時核心知識成為企業生存與競爭的關鍵資源，組織的重要任務是能夠存續並發展這種核心知識，其他方面的能力只能依賴其他組織提供。隨著競爭的加劇，這種協作變得越來越密切，單個企業的運作視野需要不斷拓寬，從點、線、供應鏈到戰略聯盟，直至更大範圍的社會分工與合作。進行決策時要求信息搜集的範圍更為廣泛，同時環境中大量信息的存在，對組織中信息的發出者和接受者造成過重的負擔，要求組織中信息的傳送更為直接。

8.1.3 客戶與市場需求變化

顧客的價值觀發生著結構性的變化，日益主體化、個性化和多樣化。顧客不僅要求購置高質量、低成本和高性能的產品，而且希望產品具有恰好滿足其需求的特性。傳統的生產方式越來越不能適應客戶的要求，除了在產品成本與質量方面的一般需求外，越來越多的客戶需求體現在企業價值觀與產品所傳遞的文化方面。客戶對個性化、多樣化、主體化的追求，勢必要求企業在管理理念、企業文化及運作模式上與之相適應。

8.1.4 組織成員個體需求的變化

組織不再是單一的功能，成員在其中需求越來越多元化。在企業的工作中，越來越多的成員認為企業不僅是生產的場所，也是成員生活與人生活動的主要平臺，除了創造價值，還涉及自身的偏好、價值觀、尊嚴等更多的需求能否滿足的問題。這時，約束行為的有序與劃分資源的規則越來越得不到支持，也變得難以實施。組織成員不僅要知道怎麼做，還要瞭解為什麼這麼做。越來越多的成員還想要參與到決策的制定與修改中。

8.1.5 組織管理基礎的變化

傳統的組織管理方式以規模經濟為理論基礎，當投入要素同比增加時，產出增加的比例超出投入增加的比例，即單位產品平均成本隨產量的增加而降低，達到規模收益遞增的情況。相應的科層組織結構正是建立在平穩的市場環境、低素質的雇員、有限理性的決策者與管理者的基礎上。隨著環境的改變，傳統的以產品為中心、以規模經濟為競爭優勢的組織管理方式遇到了巨大挑戰，從根本上動搖了傳統組織與管理的合理性。特別是企業員工追求人格全面發展的動機同以監督和控制為基調的科層組織體系形成了尖銳的衝突，原先行之有效的管理方法和管理手段，如今卻容易造成摩擦與內耗。

嚴格的等級制度影響信息傳遞，個體在規則劃分好的管轄範圍內活動，與組織內其他的職能部門接觸較少；信息從最高層到最底層一級一級縱向傳播，水平溝通與合作少，這些都導致了企業競爭力大幅下降。上窄下寬的金字塔形組織結構使員工的晉升越向上越激烈，很多員工看不到晉升的希望便會出現積極性不高甚至消極怠工的情況。另一方面，處於某一部門的員工每天重複單調的工作，他們不滿足受屈於他人的領導，希望能進行創造性的活動，這種結構很大程度上削弱了員工的動力。各個層級的管理人員也限制在自己的領域，對企業其他部門的業務狀況以及信息與知識缺乏具體的認知，導致領導能力不能得到全面的鍛煉，解決問題缺乏全面的視角，難以成長為具有跨區域領導能力的管理人才。

　　傳統上認為管理就是決策，且嚴格劃分作業與決策，過分依靠管理者與高層的智慧，忽視了組織成員的力量，大部分的變革由上層發起，行動緩慢。對於組織早已存在與發現的問題，不能及時解決。隨著組織成員的知識增多與決策能力增強、成員內外部交流的頻繁與溝通的多樣化，組織裡每個成員都成為信息和知識的「客戶機」與「數據庫」，以往向外界單點交流的方式就難以適應現今環境，需要提供一種支持網絡化聯繫的管理模式，把組織成員的內外部聯繫及產生的知識集成起來。而隨著知識、信息更為廣泛化與專業化，傳統決策者越來越難以駕馭整個部門的運作。知識與信息的獲得，不能僅靠管理層，而是需要全體成員的努力。組織從單點考察、學習，變成系統學習，單一思維與單一目標變為多元思考與系統化目標。

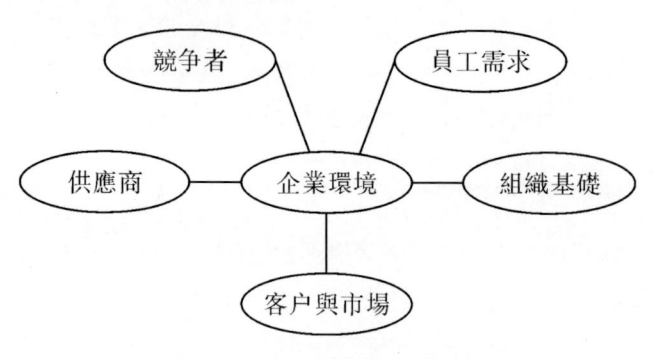

圖 8-1　企業環境變化示意圖

8.2 研究結論的啟示與管理結構的改變

研究結論表明，大規則密度對價值因行為、知識的引入與擴散有一定正向作用。但是企業規則密度越大，程式因行為越多，成員的大部分精力用在程式因的標準化行為上，員工喜好的行為方式被弱化。在調查過程中也發現，越是規則密度大的企業，成員工作的享受和偏好不如小規則密度的企業，大規則密度企業的變革行為也較少，因為標準化的流程與長期習慣難以改變。而強知識能力會促進程式因行為以外的三種行為並會減少程式因行為，成員有更多的時間和精力用在價值創造、創新與變革和偏好的事務上。四種行為中除了程式因行為外，其他行為均利於提高企業績效；規則密度與知識能力顯著負相關，規則密度大的企業知識能力弱。

從中可以看到，規則管理有它的優勢與劣勢。在提升企業績效方面只有程式因行為是副作用，而降低程式因行為的最佳途徑就是降低規則密度。某些時候更為行之有效的方法是增強企業知識能力，極大地改善企業績效。

知識與規則視角下的組織結構正是這兩種力量的平衡，組織結構應該是動態調整的，並能夠積極反應與吸收規則管理與知識管理的綜合優勢。採用靈動型組織結構，能實現這種動態優化的管理模式，這裡稱作靈動管理（如圖 8-2）。

圖 8-2　靈動管理——知識管理與規則管理的動態優化模式

理查德[1]認為現在的管理結構發生著巨大的變化，具體表現在如下四個方面（如圖 8-3）。

---

[1]（美）理查德·達夫特. 組織理論與設計 [M]. 7 版. 王鳳彬, 等, 譯. 北京：清華大學出版社, 2005.

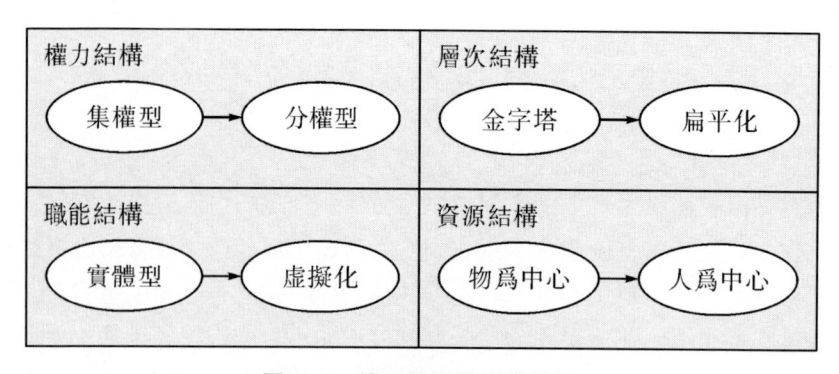

```
┌─────────────────────────┬─────────────────────────┐
│ 權力結構                │ 層次結構                │
│   集權型 → 分權型       │   金字塔 → 扁平化       │
├─────────────────────────┼─────────────────────────┤
│ 職能結構                │ 資源結構                │
│   實體型 → 虛擬化       │   物為中心 → 人為中心   │
└─────────────────────────┴─────────────────────────┘
```

圖 8-3　管理結構發生的變化

8.2.1　權力結構：由集權到分權

在傳統工業經濟中，外部環境相對穩定，變化較為連續，知識量較少，企業適合採取集權式的組織結構。知識經濟中外部環境變化加劇，競爭激烈，知識量成倍增加，集權式組織難於應付，企業的權力結構隨之向分權型轉變。把更多的權力與決策交給中層管理者、基層員工，充分發揮各層的能力，調動他們的積極性，提高管理效率。

8.2.2　層級結構：由金字塔到扁平化

一般來說金字塔形的組織結構存在很多缺點，如層次多、冗員多、管理複雜、信息流通不暢、組織成本高等問題。隨著信息技術的發展，個體成員的交流可以直接從基層到高層展開，減少了中間傳遞層。更多的評價交給客戶完成，減少了監督層，組織結構大大簡化。另一方面管理科學水平逐步提高，可以使組織結構更加優化與合理。從組織成員方面來看，員工素質與技術水平不斷提高，參與管理意識與自覺管理意識大大增強。以上這些都促成了組織結構的扁平化。

8.2.3　職能結構：由實體型到虛擬化

傳統的組織優勢在規模經濟基礎上展開，企業為了減少交易成本，盡力將企業需要的資源配備的一應俱全。經營範圍有多大，職能管理就有多大，造成內部職能部門眾多，人員龐雜，創新發展緩慢。在現代經濟中，要求每個企業能夠保持並發揮核心優勢，把所有資源與精力都投入到核心能力上。自身不能做的、或者做的不如其他企業好的就通過外包或者購買的方式來獲取，組織間的合作性日益加強，組織結構呈現虛擬化的趨勢。

8.2.4　資源結構：以物為中心到以人為中心

傳統工業經濟中企業的核心管理對象是物質資源，目標是節約成本，提高利潤。知識經濟中知識的作用日益突出，而知識依附於員工。人不僅是被管理的對象，同時也是管理的主體。企業的核心由物質資源轉向人力資源。企業更加注重在人力資源培訓與開發方面的投入，組織結構也圍繞「人」來展開。

8.3　靈動管理的內涵與宗旨

8.3.1　靈動管理內涵

隨著環境、知識的改變，企業的模式也隨之改變，權力和結構更加依附於知識而不是特定的人和資本，知識相對於資本的獨立性愈強，更加以人為本，強調人的積極性、主動性和創造性。組織不再重複以往的重組與變革，Lewin 提出的包含解凍、創新、再凍結等三個步驟有計劃地組織創新與變革模型，革新后形成新的規則，這本身又是一種人和物的規則化，隨著發展又要打破，不斷進行重組，反覆進行「打破—建立—固化—過時」這樣一種模式。這個過程中，新思想取代舊思想，新流程取代舊流程，新規則取代舊規則，必然要經歷一個動盪、混亂、革新、陣痛甚至失敗的過程，付出的代價很高。靈動管理要求圍繞目標建立知識驅動規則的組織體系與管理模式，把變化設定為常態，組織功能是促進知識的產生與競爭，管理層轉變為輔助層，支持組織成員實現目標（如圖 8-4）。

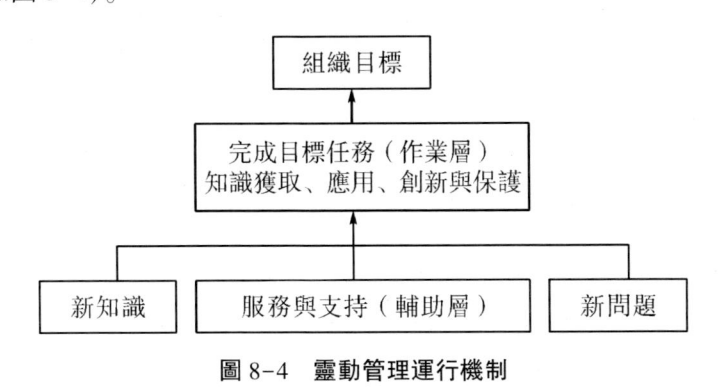

圖 8-4　靈動管理運行機制

這裡有一個「築路理論」的隱喻：
行人跌倒或走彎路，並不都是行人的錯，是不是路有問題呢？

確定性環境中，人們熟知所有情況，應該築路，大家都按照這個道路來行走，既舒適又省時。

但是在不確定環境中，人們不瞭解情況，而修路需要花成本，等修好了使用時，修路的人已經不在，或者發現修的路根本無法到達目的地。這時應該探索多樣化的路線，而不是直接修路。

面對確定的環境，成熟的知識可以規則化，進行規則管理來提升效率；面對不確定的環境、未知的知識與新生的事物，進行知識管理更為合適。

8.3.2 靈動管理宗旨

（1）降低程式因行為

在個體的四種行為中，程式因行為與組織績效負相關。降低程式因行為來提升組織績效成為靈動管理的一個主要內容。

（2）通過結構優化提高組織業績

程式因行為的減少必然要求更為高效的知識配置，更為靈活的規則運用，做到這些的前提是組織結構的靈動化，要求組織結構能夠適應這樣的配置與變化。

（3）通過結構優化提高個體效率

個體能動性得到充分釋放，去除了活動中無意義的部分。

（4）通過靈動管理提高資源合理配置程度

靈活機動地配置企業資源，提高資源利用效率。

（5）促進創新

充分釋放個體創新性，促進創新。

8.4 靈動管理與傳統管理的區別

靈動管理的組織模式、思想與傳統結構有很大的區別（如表8-1）。

表 8-1　　　　　　　傳統組織結構與靈動組織模式對比

對比內容	傳統組織	靈動組織
工作方式	等級結構/功能部門	價值中心/團隊小組
工作質量	監督	自律
工作界限	上級制定	團隊商定
工作績效	上級考評	對目標負責
分工	明確化	模糊/協作式
決策	高層決定	群體決策
權力/權威	按等級分配，爭奪晉升空間	按知識動態分配，員工充實知識
內部關係	競爭為主	學習/合作為主
要求	效忠公司	效忠自己
偏好	駕馭/管轄	分享/服務
目標	追求成功	享受工作
規章設計	忽視個人特質，嚴格同一的管理	承認個人特質，個性化管理
注重	順從/服從	打破規則/創新
公司員工關係	雇傭	合作
信息	分權限使用	付費使用/知識市場
接觸與交流	單點	全面
穩定性	底層競爭，流動大	頂層競爭，流動小
角色關係	單線的，獨立的	互相依賴，網絡聯繫
運行基礎	資本/權力/所有權	知識/利潤/影響力

在組織方式上，傳統組織結構多是職能部門與層級結構相混合的金字塔模式；而靈動組織結構是由平等的價值中心與團隊小組組成，各自發揮自身的獨特優勢。工作質量保證方面，傳統組織以嚴格的監督管理為主；靈動型組織以自律、信譽與長期合作為主。傳統組織的工作界限是明確的，由上級部門劃定，不可逾越；靈動型組織的工作界限是團隊商定、成員自主選擇的，是動態變化的。從工作績效上看，傳統組織的績效主要由上級來考評，是一個間接的、被動的考評過程；靈動組織的績效是個體成員對自身的聲望、目標、利益、客戶等負責，是一種直接的、主動的績效評價方式。傳統組織有明確的分工；靈動組織注重協作，分工是模糊的。

決策模式上，傳統組織決策主要由各級領導完成，越是高層，決策任務越重；靈動組織中，大部分的決策是團隊內部群體協調完成的。權力與權威方面，傳統組織基於特定的崗位與等級，組織成員間的競爭主要表現在對職位與晉升空間的爭奪上；靈動組織的權力與權威基於組織所需要的知識，這種權力關係不是基於特定的人和崗位，是根據知識的需要動態分佈的，組織成員間的

競爭主要表現在對知識與能力的擴展上。傳統組織內部關係以競爭為主，鼓勵優秀個體；靈動結構注重團隊合作與學習，鼓勵優秀團隊。在組織要求方面，傳統組織強調效忠組織，花巨大資源完成組織目標與個體目標的協調統一；靈動結構強調效忠自己，為了自己的利益、聲望等而良好的服務客戶。

傳統組織注重工作的質量，常常駕馭與管理成員的偏好；靈動組織認為偏好與工作是成員的一體行為，並盡可能地為這種偏好提供服務，分享這種偏好，激發成員潛力。傳統組織設定成功導向型目標；靈動組織設定喜歡工作、享受工作的目標，對於激發成員創新能力具有巨大作用。在規章制度上，傳統組織制定了複雜、嚴格的、無例外的原則，這些原則適用於所有的人；靈動組織承認個人特質，強調個性化管理，設置眾多規則供成員選擇。執行中，傳統組織注重服從規則，無論規則好壞；靈動結構把規則作為服務組織成員的工具，注重創新，常常打破或優化規則。在公司與員工的關係上，傳統組織看作是雇傭關係；靈動組織卻把它看作為一種合作關係。傳統組織中，信息與知識的使用，是按照權力大小來分權限使用的，越往上層，可用的知識與信息越多，作業層視野與信息與之相比極少，限制了作業層的發展；靈動組織中知識與信息按照市場化原則付費使用，需要知識與信息者向提供者購買。

傳統組織與外界交流是單點的、階段的，部分個體成員與外部學習、交流，再引入到企業內部，這樣涉及的知識面小、傳遞的效率低下；靈動組織與外部的交流是全面的、連續的、靈活的，根據成員需要來決定。在組織穩定性方面，傳統組織底層流動大，通過更換底層員工提高效率；靈動組織中越是權力大、高層次，競爭越大，流動性越強。組織角色關係上，傳統組織是單線的，由上至下的聯繫；靈動組織是網絡的，相互依賴的關係。運作機制上，傳統組織主要依靠資本、權力與所有權；靈動組織主要依靠知識、利潤與影響力。

另外一個經常提到的柔性管理，在這裡和靈動管理模式做一個比較。柔性管理與靈動管理模式的區別是：柔性管理強調組織的環境適應性，而靈動管理突出組織的靈活性與創造性；柔性管理基於組織的運作層面展開，包括製造、人力資源、信息系統、營銷等的柔性，靈動管理主要基於組織的制度與治理層面展開，比如組織結構、組織運行機制等；柔性管理針對組織的業務進行分析，靈動管理主要進行規則分析與個體行為分析；在方法上，柔性管理注意剛性管理與柔性管理的結合，靈動管理注重規則管理與知識管理的平衡；柔性管理的內容主要是建立組織的能力柔性與資源柔性，靈動模式的內容是建立組織驅動規則的組織結構與管理機制；柔性管理關注如何適應客戶的需求，靈動管

理關注客戶、組織及其成員的協調發展。柔性管理與靈動管理模式有一定聯繫，柔性管理需要靈動管理的結構與制度來保證組織的長期柔性與適應能力，靈動管理會使組織具有很強的環境適應能力與柔性（如表8-2）。

表 8-2　　　　　　　　　柔性管理與靈動管理的比較

比較		柔性管理	靈動管理
區別	特　點	環境適應性	靈活性、創新性
	層　面	運作層面	制度與結構層面
	基於對象	業務分析	規則與個體行為分析
	方　法	剛性管理與柔性管理相結合	規則管理與知識管理的平衡
	內　容	能力柔性與資源柔性	知識驅動規則
	關　注	適應客戶需求	客戶、組織及其成員的協調發展
聯繫		需要靈動管理的結構與制度保證組織的長期柔性與適應力	使組織具有很強的環境適應能力與柔性

8.5　規則靈動化

靈動管理的構建思想可以從規則靈動化、個體行為分析與優化、建立企業內部資源庫與建設靈動組織結構四個方面來進行（如圖8-5）。

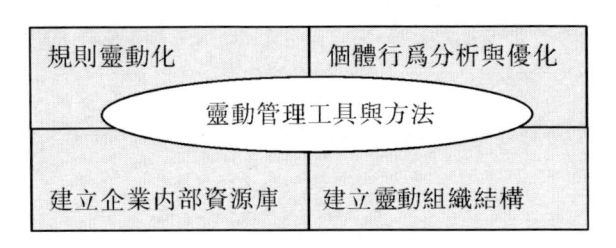

圖 8-5　靈動管理工具與方法

8.5.1　規則分析

對企業所有的規則進行系統分析與梳理，對規則的正面作用進行強化，負面作用採取減弱措施（如圖8-6）。

图 8-6　规则分析框架

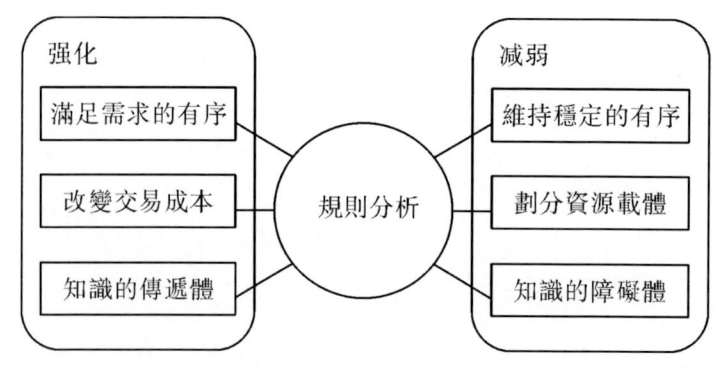

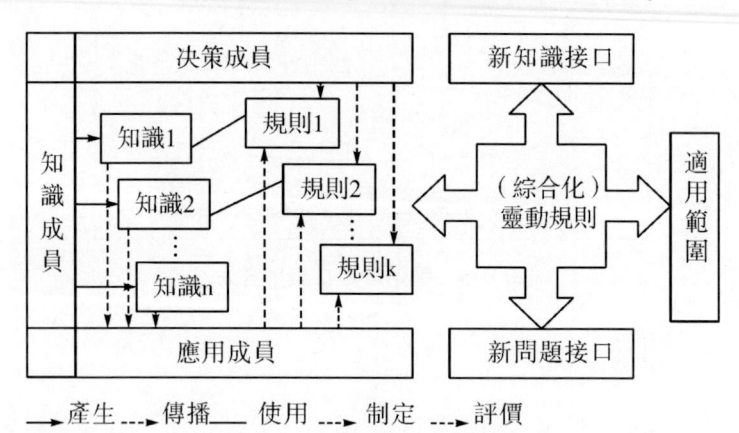

8.5.2　规则灵动化

（1）建立规则灵动化的机制

保证组织只产生必要的、有用的规则。制定规则的决策成员必须能够接受到足够的知识与问题来修正规则；在提供知识的途径或者成员上保证多渠道与竞争；组织的应用成员有评价、选择使用规则的权利。作业成员选择与使用规则从而更好地完成组织目标，决策成员通过提供有价值的规则获得收益，知识成员通过向决策成员提供知识实现价值，这样的互动关系同时需要组织具有更大的开放性，可以吸收与借鉴更大范围的问题与知识（如图 8-7）。企业可以此来判断规则灵动化的机制是否形成，按照相关模型完善机制。

图 8-7　规则灵动化机制

（2）规则灵动化：基于知识的规则

为保证知识获得决策权、治理权并顺利应用，要求决策和规则的制定必须是基于知识的，这种基于知识的灵动规则满足以下条件（如表 8-3）。

表 8-3　　　　　　　　　基於知識的靈動規則特點

特性	解釋
目的性	目標明確，決策和規則的目的是什麼，為了解決什麼問題。
解釋性	規則對解決問題有什麼幫助，是基於什麼知識決定的。
責任性	規則的制定者，規則的責任人，負責的方式、內容及範圍。
局限性	規則有效的條件是什麼，規則的局限如何處理。
修改性	何時修改，滿足什麼條件時修改，廢止。
競爭性	允許質疑、辯論，允許更好的新知識、新規則的替代。
嵌套性	大部分規則需要進一步細化，小規則適應大規則，嵌套結構繁雜，慎用規則。
透明性	完善制定規則的信息記錄，保證透明性和充分的參與性。
多樣性	規則並非統一的，提供多樣化的規則供成員選擇。

①目的性

分析規則的目標是否明確，決策和規則的目的是什麼，為了解決什麼問題，這些內容清楚的規則才具備了作用的前提；

②解釋性

除了目標明確外，規則對解決問題有什麼幫助，是基於什麼知識決定的，這些規則背後的知識與原理是什麼，必須非常清楚；

③責任性

規則的制定者是誰？規則的責任人是誰？負責的方式、內容及範圍是什麼？是否能夠負起相應的責任，以及如何負責都是需要清楚瞭解的；

④局限性

任何規則都不是完美的。規則有效的條件是什麼，規則存在的基礎與環境是什麼，規則的局限如何處理都是需要明確的；

⑤修改性

規則不是一成不變的，需要明確何時修改，滿足什麼條件時修改，廢止；

⑥競爭性

規則執行時嚴格執行，但允許質疑、辯論，允許生成更好的新知識、新規則來替代舊規則；

⑦嵌套性

規則不是獨立的，任何一個規則的制定都是和整個規則系統相承接和伴生的。小的規則存在於大的規則環境中，同時大部分規則都需要進一步細化。由更多的細化規則與量化指標來輔助構成一個複雜的嵌套系統，執行成本與變革成本會變得非常高。要考慮到這種特性，對於規則的投入使用要仔細權衡考

慮。尤其是頂層的、全局性的規則對整個組織的影響就更加巨大與深遠，這些頂層規則的制定與使用需要更加慎重；

⑧透明性

規則從制定、實施到修改必須有完整的的信息記錄，保證透明性和成員的充分參與性；

⑨多樣性

規則並非是統一的、同一的，規則必須做到個性化、差異化管理以適應不同的組織、個人與環境，並且組織與成員有選擇規則的權利。這樣一方面保證了個性化的管理，激活了個體活力，另一方面也加強了規則的競爭性。

規則靈動化的過程如下（如圖8-8）。首先分析組織是否建立了規則靈動化機制，未建立規則靈動化機制的組織，應該先完善機制與制度，然后對規則進行分析與管理。接下來分析規則的九大特性，如果規則滿足目的性、解釋性、責任性、局限性、修改型、競爭性、嵌套性、透明性與多樣性等特性，就可以順利通過檢查並繼續使用，不符合九項特性的規則就需要重新制定與完善。

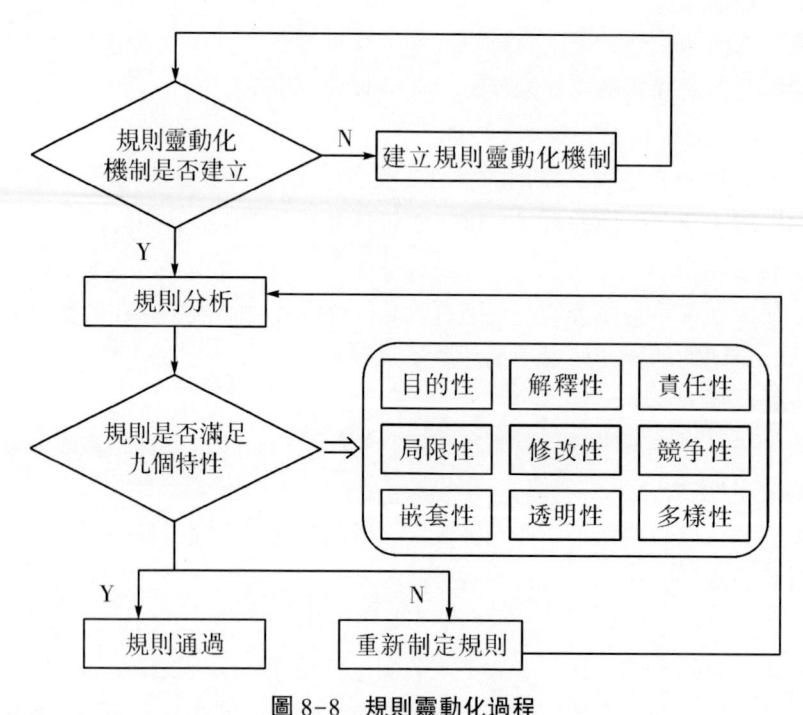

圖 8-8　規則靈動化過程

8.6　個體行為分析與優化

8.6.1　個體行為分析

（1）個體行為調研與描述

靈動管理必須要詳細分析個體行為的具體情況，分析的主體是行為的產生者本人，通過個體對自身行為的不斷分析、瞭解與認識，實現個體行為的持續優化，是一個動態的過程。

（2）個體行為識別與分析

行為分析與識別的過程要求詳細分析員工的各種行為並對其進行分類。

8.6.2　個體行為優化

（1）減少規則因行為，消除非增值工作

非增值工作的消除不僅會提升組織的績效與個人的業績，也對組織成員的時間利用及精力分配具有重要意義。傳統型公司雇傭的大多數管理人員對能把他們的技能投入工作感興趣，但是最終發現真正的工作只占其工作中實際所做工作的很小一部分，大部分的時間都消耗在填報表、編預算、參加會議，與其他部門的人士會面，以及對其他人對他們工作的評價做出反應上。也就是說他們必須從事一系列非增值的活動。結果會使他們產生厭倦和麻木不仁的情緒，以及使企業的經營績效降低。大多數非增值的工作隱藏在縱向和橫向的邊界上，隨著組織結構的調整，邊界線消失，為避免空閒而設置的工作以及規則因行為存在的必要性也就隨之消失了。新的經營原則是：「如果我可以精確地告訴你幹什麼，那麼我就可能不需要你去干這件事。我可以叫機器去干這件事，而機器更便宜並且不需要假期。」個體要做的是有創造性的工作。

（2）突出價值因行為，價值因外的資源交給員工

價值因外的時間交給員工，他們會把這一資源利用得更好；價值因外的財物交給員工，他們會把這一資源利用得更好。

（3）關注偏好因行為

①從工人到專業人員

一個專業人員要為實現某種結果而不是執行一項任務負責，比如，醫生、律師。一個好醫生的目標並不在於量多少人的脈搏，檢查多少人的咽喉，而是治好多少人的疾病。在傳統管理中分割的流程裡，銷售代表渴望獲得訂單，顧

客服務人員傾聽投訴，檔案管理人員整理檔案，但是沒有人關心工作的整體結果。在傳統的組織內，只有那些必須直接同顧客交往的工人才同顧客打交道。實際上所有的專業人員不管他們擔當著什麼具體角色，他們都必須瞭解顧客，以便知道如何使自己的工作滿足顧客的需要。

所以組織必須把個體成員專業化，促進其向專業人員發展，把傳統的規則管理模式轉變為一種源於聘任競爭力、工作評價壓力和對專業聲望的追求的新機制。下表反應了工人與專業人員關注點的不同（如表8-4）。

表8-4　　　　　　　　專業人員和工人區別

人員	區別（關注點）
工人	上司、活動、任務
專業人員	顧客、結果、流程

②滿足偏好因行為

識別偏好因行為並不斷滿足這些行為，有助於提升員工效率。組織往往認為偏好因行為不會直接帶來收益，所以在組織管理中對偏好因行為進行了嚴格的限制。但是從個體成員的角度來看，個體的行為不是截然分開的，行為之間是緊密聯繫，互相影響的。偏好因行為反應了個體的真正偏好與文化，一定程度上對偏好因行為的滿足就是對個體的滿足，滿足個體的偏好因行為就更容易激發個體的能力。

（4）鼓勵變革因行為

變革因行為是所有行為中最具有創新性的行為，鼓勵與發展變革因行為，為其提供良好的生存環境與管理模式是至關重要的。在行為識別與優化過程中要用到相關的信息系統來進行分析與優化，這些分析與優化除了要引入員工自身的一些意見外還要引入內部與外部的知識與意見，可以使用必要的信息系統來完成（如圖8-9）。借助這些管理信息系統可以更好地促進變革因行為。大量的變革因行為可以通過事務處理系統、辦公自動化系統與管理信息系統完成，基本的判斷、分類、匯總等功能可在短時間內處理完畢。變革因行為可以通過決策支持系統來輔助完成，提高準確度，節約時間與精力。建立個體偏好分析系統能夠對個體的偏好因行為進行分析與統計，促進個體偏好因行為的發展。這些系統大大地提高了個體行事效率，為變革因行為提供了更多的資源與精力。結合知識管理系統，個體成員可以在更大範圍內，快速吸收新知識，加快組織的變革與創新。

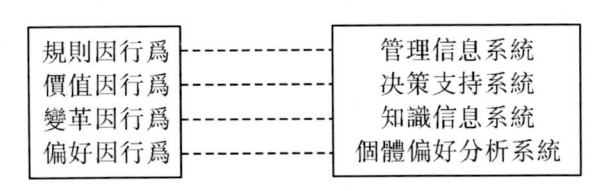

```
規則因行為 -----------> 管理信息系統
價值因行為 -----------> 決策支持系統
變革因行為 -----------> 知識信息系統
偏好因行為 -----------> 個體偏好分析系統
```

圖 8-9　行為分析與優化所用到的系統

8.7　企業資源平臺化

以往企業內部很多資源都是固定專用的，對於資源的有效利用產生了巨大的障礙。靈動組織可以把這些資源劃分成相對獨立的單位，建立完善的資源庫，如時間、知識、資金、物質、信息、勢力（相應的品牌、聲譽或者客戶）都是可以利用的資源，一部分資源是屬於組織中的個體，另外一部分屬於組織所有。任何個體或者組織可以通過競爭（如競價）獲得相應資源的使用權與所有權，使資源可以在更大的範圍內以更小的單位用更多的次數，實現資源更加充分的利用，促進組織激勵與個體目標的協調以及個體行為與組織目標的統一（如圖 8-10）。

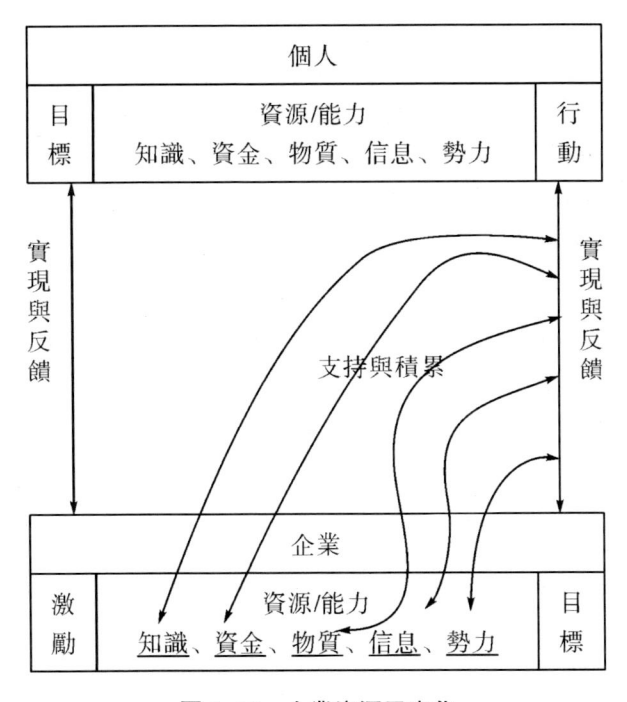

圖 8-10　企業資源平臺化

8　研究啟示與靈動管理的提出　137

「平臺化」是現代服務業發展的新興商業模式，它通過提供收費性的實體或虛擬交易場所來撮合交易，提供增值服務。「平臺化」模式在轉變經濟增長方式，推動產業融合集聚，促進中小微企業發展，提高流通效率，便利居民消費等方面的作用日益凸顯。

　　從貨運運力來看，中國是物流大國，2014年完成的社會物流總額超210萬億元，同比增長8%左右；物流業增加值超過3.4萬億元，同比增長9%左右；物流處於中高速增長期。同時社會物流總費用超過9.7萬億元，社會物流總費用占GDP的比重達17%，與發達國家社會物流費用占GDP的10%相比，中國物流成本還較高，運作效率還較低。運輸費用占社會物流費用50%以上，有效的運力管理成為提升物流效率的重要途徑。貨物運輸是一個勞動密集型和高風險的行業，需要大量的司機、裝卸勞動力及服務人員，交通事故風險和其他管理風險都比較大，因此很多物流企業不願意自營車隊，個體戶車主佔有較大比例，運力資源組織的「散、小、亂、差」一直沒有得到根本的轉變。數據表明，中國貨車的空載率達到37%以上。隨著智能手機、移動互聯網及全球定位系統等技術的普及，運輸行業長期以來的「散、小、亂、差」正在朝著「專業化、信息化、網絡化、集約化」的方向發展。平臺化運力組織模式作為一種新興的商業模式，其本身並不直接從事運輸服務，但通過提供收費性的實體或虛擬交易場所來撮合交易，提供增值服務。

　　平臺化運力組織模式正在轉變經濟增長方式，有力推動產業融合集聚，促進運輸企業發展，提高流通效率，便利居民消費。中國運力平臺化企業在2014年已經初具規模，形成了如零擔物流平臺、公路港平臺、快遞平臺、最后一公里平臺、物流園區平臺、物流運力資源平臺、物流人脈商業平臺等一系列運力組織模式，從不同的角度凸顯出平臺化發展的商業價值。運力平臺化有著重要的作用和意義：一是可以整合運力資源，提升運力效率。通過平臺化、信息化等手段措施整合運力資源，最大程度提高運輸工具利用率，有效降低物流運輸成本，為運力需求者提供更好的、性價比更高的運輸服務；二是適應商業需求，促進產業聯動。現代商業的個性化越來越強，傳統的大批量工業化生產已經在向O2O體驗模式和C2B定制模式轉型，以消費者需求為核心的商業模式催生了小批量、多批次、高頻率、高效率的物流服務需求。運力必須適應這種商業變化需求，才能融入社會經濟，與先進產業形成聯動發展；三是創新商業模式，引領經濟發展。運力組織在互聯網（移動互聯）、大數據、雲計算等科技的不斷推動發展下，會產生很多新的商業模式和商業平臺，進一步推動商業生態優化。企業在平臺的良好環境中不斷加強自身競爭力，極大地提升了運輸網絡的時效、服務水平和客戶體驗的滿意度，同時擴展了運輸網絡的廣度和深度。運力組織成為引領經濟發展的新動力。隨著技術手段和管理水平的提升，不只是企業運力，企業的其他資源，如人力資源、製造資源、銷售資源、

客戶資源都可以平臺化。

8.8　靈動組織結構的建立

規則的慎用性決定了規則不適合大面積使用，除了靈動規則外，靈動管理的另一個重要建設途徑是構建靈動組織結構。企業內部不應是單一的結構，而應是多樣的、靈活的、可變換的、可選擇的、競爭的組織結構。傳統大規模的組織轉變為小規模的價值中心（完成或者解決某一類任務的小組）。價值中心同時接受或者處理多項業務，價值中心的個人知識泛化，個體可在多個價值中心工作。這種價值中心不一定具有固定的文化、固定的組織結構和作業場所，但具有相同的目標，為個體創造良好的工作、合作、交流、學習、培訓等條件。利用價值中心的資源都是有償的，價值中心之間存在競爭和合作的關係，個體成員可以選擇適合自身條件的價值中心。

價值中心根據客戶需求整合資源，價值中心成員均可以尋找客戶引入項目，成為一個項目的負責人，同時也可以是其他項目的負責人或者成員。這個項目負責人組建資源完成生產，滿足客戶需求，盈利由項目負責人分配，分配時會考慮到將來的合作和自身的信譽，失敗也由該負責人承擔。

各個價值中心部分個體組成一個項目線，企業的邊界模糊化。知識、資本、勞動通過相關市場投入到價值中心並獲取相應回報。價值中心提供了一種專業協作的平臺，每個成員可相互合作，發揮優勢，成員的去留自主決定，長期不能為成員創造價值的中心面臨解散。靈動管理組織模式如下（如圖 8-11）。

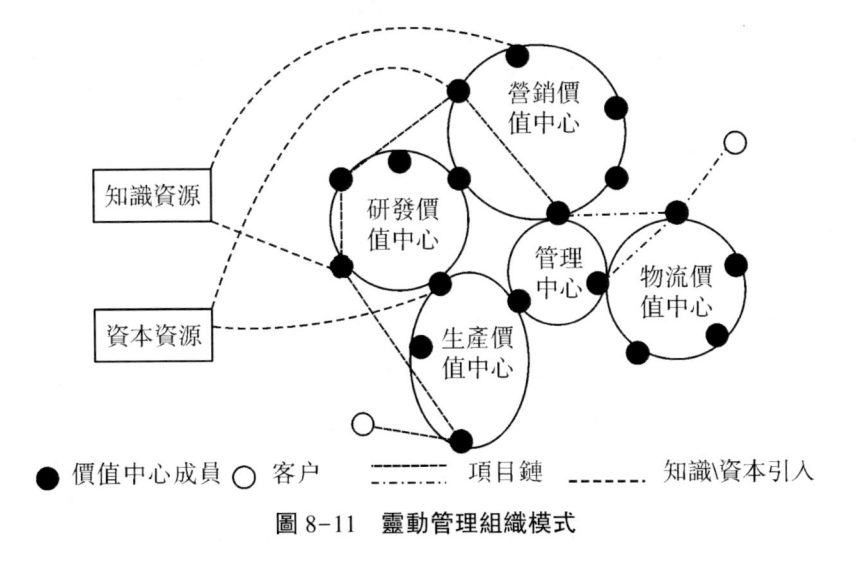

圖 8-11　靈動管理組織模式

9 靈動管理的模式與經驗

9.1 靈動管理的幾種模式

9.1.1 體驗互動模式——美邦、優衣庫

（1）互動凝聚客戶

體驗互動模式充分利用傳統電子商務的優勢，通過線上資源的深入挖掘與廣泛建設，構築有效營銷互動體系，凝聚消費者，形成較高黏著度的用戶群體。如美邦（美特斯邦威）通過官方網站、天貓旗艦店、美邦 APP、微購物商城等介紹和銷售產品，與客戶互動，形成覆蓋面廣泛的線上營銷網絡。優衣庫也通過官方網站、天貓旗艦店、官方 APP、微購物商城等接觸點與客戶開展互動，最終將消費者引到實體門店或者天貓旗艦店。

（2）店鋪提升體驗

對於服裝類產品而言，線下渠道帶給消費者的產品體驗、購物環境、服務方式與消遣休閒是線上渠道所無法實現的，體驗互動模式的企業通過建設新店鋪或者改造傳統店鋪的方式，打造全新的線下體驗店，充分發揮線下資源的優勢。如美邦在全國陸續推出多家體驗店，店面設計均植入當地文化元素，廣州的「花房」概念，杭州的「中央車站」風格，成都的「寬窄巷子」元素等，打造情景式購物體驗。店內除了提供多種體驗互動功能服務外，還設置了休閒區，提供咖啡小食。在這種模式下，門店不再局限於靜態的線下體驗，不再是簡單的購物場所，而是購物的同時也可以愜意的上網和休息，尤其給陪著配偶購物的男人們提供了一個愜意的環境來休息。他們無聊的時候可以喝著咖啡上網，瀏覽一下美邦 APP 上的商品介紹，或者直接手機下單，快遞到家裡去。同時，這也提高了美邦 APP 的下載量，為用戶的手機網購使用量和下單量打好用戶基礎。優衣庫店鋪佈局秉承經營宗旨「HELP YOURSELF」，滿足顧客

自助體驗、服務需求。

（3）線上線下有效融合

線上線下的有效融合是體驗互動模式實施的關鍵。美邦實現了線上邦購網和線下店鋪的全面打通，開通了線上預約、線下試衣的整體營銷線路。如果在線下店內看中的衣服缺碼，可以掃描商品二維碼直接到線上購買。在推廣上，美邦先直營示範，再促成加盟參與，同時對線上服務的推廣計入線下門店的考核激勵中，讓線下店更願意推廣線上服務。優衣庫通過多種方式吸引用戶前往實體店購物，比如 APP 中提供周邊店面的位置指引，其線上 APP 提供的優惠券二維碼都是專門設計的，只能在實體店內才能掃描使用。它實現了線上與線下同價，天貓店與實體店的用戶可以相互轉化，從而避免線上渠道的衝擊；也實現了從線上到店引流。優衣庫會借助大促的時機，不斷提升 APP 的安裝量。推動 APP 成為一種增加客戶到店消費粘度的工具，提供真正有價值的折扣活動在線下店直接使用。與此同時，不做網絡特供款、沒有會員體系、員工不存在利益分配問題這三個措施，讓優衣庫的線上線下打通得更順暢。同時，在全國 661 個城市中，優衣庫的實體店只進入了其中 70 多個城市，尚有將近600 個城市沒有涉足，線上渠道成為了線下渠道的有效補充。

9.1.2 定制預購模式——紅領、茵曼

（1）個性化定制

傳統的規模化批量生產很難滿足消費者個性化的需求，而個性化的定制往往又伴隨著較高的成本，很難為中低收入消費者所接受。紅領很好地解決了這一問題。紅領集團成立於 1995 年，是一家以生產經營高檔正裝系列產品為主的專業服裝製造企業。2013 年，紅領集團生產服裝 700 萬套件，實現銷售收入 16.76 億元，利稅 3.15 億元。2003 年以來，紅領集團在大數據的支撐下，運用互聯網思維，投入 2.6 億資金，專心、專業、專注於電子商務服裝定制及流水線規模化生產全程解決方案的研究和試驗。經過 11 年的累積，紅領最終得出了全球化電子商務定制服裝解決方案，形成了具有完全自主知識產權的電商平臺系統和獨特商業價值的「紅領模式」。客戶的信息可以通過中國、美國、歐洲服務器進入多語言交互系統，全球客戶都可以在這個平臺上進入自主下單系統、自主研發系統、自主拍照系統、生產執行系統，再根據工廠的生產能力和設備能力進行分單。這樣生產出來的衣服不再只有「M」「L」「XL」等標準化的號碼，每一件衣服更會根據每一個顧客的身材特點體現出細微差別。成品進入紅領的自動物流系統，物流系統與 UPS 和順豐直接打通。客戶

從下訂單到拿到衣服不超過 7 個工作日，而傳統的成衣高級定制最快也要 20 天交貨。

（2）數字化生產

數字化生產有效降低了定制產品的生產成本，進一步提高了生產柔性與處理能力。紅領集團形象地把自己的生產模式叫做「數字化大工業 3D 打印模式」。紅領集團將 3D 打印邏輯思維運用到工廠的生產實踐中，把整個企業看作一臺數字化大工業 3D 打印機，解決了個性化與工業化的矛盾。紅領數字化 3D 打印模式支持全球客戶 DIY——款式、工藝、價格、交期、服務方式個性化由客戶自主決定，客戶自己設計藍圖。這實現了研發設計程序化、自動化、市場化的初步智能體系，計算機系統建模、智能匹配，可滿足 99.9%的消費者的個性化需求。數字化 3D 模式全程數據驅動，來自全球的所有信息、指令、語言、流程等通過智能體系轉換成計算機語言。一組客戶數據驅動所有的定制、服務全過程，無須人工轉換、紙制傳遞，數據完全打通，即時共享傳輸。生產人員在互聯網端點上工作，從網絡雲端上獲取數據，與市場和用戶即時對話，零距離、跨國界、多語言同步交互。按照紅領管理人員的測算，紅領的生產成本是普通成衣生產成本的 1.1 倍，但收益是手工訂制的 2.1 倍。

（3）新產品預售

新產品預售是生產企業在新產品開發出來之後，先拿出一小批進行市場預售，觀察市場情況，以便確定合理的生產規模和鋪貨渠道。成品預售一般是市場反饋非常不錯的商品，採用預售方式，有利於廠家掌握消費者喜好和採購定量，從而降低供應鏈端的庫存成本，既能保證商品的品質、合理庫存，又能滿足消費者對價格的期望。半成品預售一般是廠家提供產品大致開發思路、方向和框架、參數以及產品基本模型等，最後產品的定型、定款、定料、定價都根據消費者中多數派的意見來拍板定案，最后出爐的產品往往較受消費者歡迎。這種模式的背後是一種商業的變革，以消費者為核心，驅動製造商將從定型、定款、定料、定價，到倉儲端、銷售體系整個產業鏈條進行全面、深刻的改造，大大增加廠、商、消費者三方共贏的可能性。茵曼在 2013 年「雙十一」時選擇了 500 款衣服，設計了樣衣和價格，然后把衣服發布給所有消費者讓他們做選擇。消費者根據自己的習慣和喜好從 500 款中選擇了 150 款，並且消費者最后還對自己選擇的衣服付了訂金。之后茵曼公司按照預定的產品及其數量開始採購布料進行生產。從消費者訂單到品牌商、從品牌商到原料商、從原料商到所有環節，整個產業全部用數據打通，提高了傳統生產運作的效率。

9.1.3　聯盟合作模式——格蘭仕、奧馬

（1）創新經營戰略

當前相當一部分銷售企業面臨兩個問題：一方面缺乏高效的生產供應鏈體系，沒有將銷售、採購、物流等業務流程同供應鏈上下游的商務夥伴整合起來；另一方面的問題是規模還不夠大、專業性不強。這些企業要在競爭中取勝，必須與相關企業形成戰略聯盟，聯合提高運作效率。面對激烈的競爭環境，創新的經營戰略是競爭的關鍵。格蘭仕集團將「產業電商」作為戰略，打造從產品、製造、通路、平臺和服務方面的合作體系，形成具有鮮明特點的基於全產業鏈配套優勢的產業電商模式。奧馬把農村家電作為開拓的戰略重點。奧馬認識到，農村電商和 O2O 是未來三到五年最大的紅利，每個市場都是萬億的。奧馬的新戰略是為農村提供「物美價廉」的高技術產品，並且提供貼心的售後服務保障。

（2）線上線下合作

格蘭仕聯合天貓電器城協同完成業務，在天貓電器城的格蘭仕空調冰洗官方旗艦店推出「U'Love 唯愛」系列空調、冰箱、洗衣機，作為格蘭仕的線上產品戰略。天貓記錄和分析消費者的搜索瀏覽、駐留時間、商品對比、購物車、下單、評價數據，同時對用戶的個人資料，例如性別、地域、年齡、職業、消費水平、偏好、星座進行「消費者畫像」。通過對消費者進行交叉分析、定點分析、抽樣分析、群體分析，去指導格蘭仕生產線的研發、設計、生產、定價。格蘭仕的線下合作安排是：①選擇和菜鳥物流合作；②在產品的安裝和售後環節，聯合格蘭仕售後服務網點做好服務。格蘭仕完成了與全國首批 200 多家服務商的簽約，聯合它們完成線下服務。奧馬與江蘇代理商匯通達成戰略合作協議，奧馬冰箱借助匯通達的通路開創農村家電 O2O 模式。匯通達擁有 1,000 萬農民的資料，並把農村裡的小電器店納入到管理體系，讓這些渠道終端實現最后一公里的物流和配送。匯通達讓這些渠道終端免費成為它的會員，實現觸網，並共享物流服務，以及農村用戶的消費數據。奧馬通過與匯通達成立戰略聯盟獲取了農村 O2O 優勢，融合了供應鏈管理、電商以及大數據信息等關鍵環節。

9.1.4　平臺支撐模式——海爾、美的

（1）創新經營模式

傳統企業產品的需求逐漸飽和，消費個性化的需求日益增強；從供給來

看，產品同質化嚴重，廠商競爭激烈。企業都已形成共識：「產品+服務」是經營發展的關鍵。對於家電製造業來說，賣給消費者的不僅是硬件產品，還有解決方案。例如不只賣給顧客一個冰箱，還賣給顧客一個食品保鮮的方案；不只賣給顧客一個洗衣機，還賣給顧客一個洗乾淨衣服的解決方案。針對該經營模式，海爾提出了「人單合一」的經營理念。從微笑曲線上看，前端是營銷，中間是製造，后面是與用戶的融合能力，前端要跟上用戶點鼠標的速度，后面是回款。一旦消費者成為其用戶要把他發展成忠誠用戶，「人單合一」就是要最大限度的創造用戶資源。美的發布了 M-Smart 智慧家居戰略，提出「無智能不產品」，努力通過智慧化的服務增強企業的服務能力。

（2）打造線上平臺

海爾通過自己建設的「海立方」平臺，實現線上產品的定制與預售。海爾具備了個性化定制的實力：品牌實力、完整的產品線、完善的信息收集平臺、領先的設計製造能力、柔性的供應鏈以及強大的物流配送能力等。從2011年開始海爾就推出定位為互聯網時代定製品牌的統帥電器。2013年海爾C2B預售與個性化定制產品的銷售占比也已接近3成，海爾推出了新平臺——海立方，這是海爾的重要線上平臺。美的由全品類官方綜合旗艦店及「愛美的」商城完成引流，並獲得銷售和消費者的購買數據，分析顧客的消費喜好，從而對產品的設計、功能做出調整，進而吸引更多的消費者。

（3）優化線下平臺

海爾通過「日日順」平臺完成線下的體驗與配送。海爾經營家電多年，累積了非常龐大的大件商品配送隊伍資源。日日順物流服務能夠實現全國2,886個區縣的無縫覆蓋，支持鄉、鎮、村送貨上門，送裝一體，貨到付款城市約有1,200個區縣，1,000多個區縣24小時限時達，在中國三、四線城市的市場網絡覆蓋初步形成規模。日日順在商業模式上實現了虛實融合的創新，逐步發展了市場分析、用戶體驗、增值服務等功能。美的把線下的旗艦店打造成智能家居產品的綜合體驗店，美的在2014年建成1,800家線下旗艦店，2015年計劃建成3,000家，2016年計劃增至4,000家。美的將覆蓋國內所有縣域城市的旗艦店納入電商業務支持體系，加速線上線下的融合。

9.1.5　UDP 模式——愛定客

（1）整合生產配送

企業把設計、生產、銷售等運作環節的幾部分拿出來，設置有效的激勵機制，讓消費、其他實體店鋪、網絡店鋪、生產企業等線上線下資源充分參與，

最大程度地發揮出整合力量的作用。這種用戶參與設計和推廣的模式，稱為UDP（User Design Promotion）模式。愛定客是一家集設計、生產、銷售為一體的制鞋廠，由客戶設計和推廣自己的鞋子，愛定客負責生產，並直接由快遞送到客戶手中。它創造了一個平臺化商業模式，即：人人是設計師，人人是消費者，人人是經營者，人人是創業者的全新商業文明。愛定客有效整合了供應鏈各個環節，實現7天內完成供貨。除了設計和推廣的部分需要開店者的親自投入，客戶服務、產品包裝、倉儲物流等其他環節都由愛定客負責整合完成。

（2）激勵參與設計

消費者可以從圖庫中選出喜歡的圖案，根據喜好定制在服裝或鞋帽上。圖庫中的圖片分為兩類：一類是免費的共享資源；另一類則是設計師原創圖案。這類圖案會在原價基礎上多收取10%的費用作為設計版權的使用費。如果使用的是圖庫中的免費素材，開店者每銷售出一件商品都可以獲得10%的商品售價提成，如果消費者是通過開店者在其他網站中的推廣頁面進入官網購買產品，開店者還會得到15%的流量引入提成；兩者疊加在一起，就可以獲得高達銷售額25%的純利潤。愛定客把有能力的設計師都吸引進來，每個設計師的收益則由產品的受喜愛程度決定。充分競爭的市場氛圍會驅使愛定客網站越來越優秀。

（3）促進社交推廣

當設計師完成設計、發布商品時，為了擴大宣傳力度，會在新浪微博、騰訊微博、豆瓣或QQ空間等各類有影響力的媒介進行產品推廣。設計師努力建立自己的圈子，並利用自己在圈子裡的影響力推廣產品，吸引更多的人購買自己設計的產品。用戶自發促進了愛定客與社會化媒體、社交網絡的深度融合。

（4）整合線下體驗

愛定客為加盟商提供了各種優惠的條件，除了「零保證金」就可以開店之外，公司還設立了一套可以切實保障實體店利益的規範。只要是在實體店中註冊成為會員的消費者，日後不論通過任何途徑在愛定客進行消費，該實體店都會得到相應的銷售提成。當實體店都擔心自己成為電商的「試衣間」的時候，愛定客制定這樣的規範，有效消除了實體店店主的這種擔心。而且，由於沒有庫存，實體店裡並不需要很大的展示空間，消費者在店中看到樣品後，註冊成為會員，隨即可以在官網上下訂單，貨品也會直接寄到消費者手上。

9.2 靈動管理模式的成功因素

9.2.1 高黏著的消費群體

企業具備一定量的高黏著的消費群體是開展靈動管理的前提，這部分消費群體形成對企業開展經營業務的有力支持。消費者如果只需要一般的和低價的商品，那麼傳統的經營管理模式完全可以滿足其需求。為了吸引和黏著消費者，企業必須滿足消費者某些個性化和獨特的需求，比如提供良好的產品體驗、更高品質的產品、更全面的服務、個性化的產品、更高效率的配送、消費者偏好的文化元素等。這些獨特的價值點是集聚用戶的基礎，這些細化的需求市場也給企業帶來巨大的發展空間。

9.2.2 可持續的商業模式

可持續的商業模式可以把企業的各類資源緊密的聚合在一起，促進企業靈動管理的穩定開展。每個企業所擁有的資源是不同的，資源的整合方式也是多種多樣的，每一種新的整合方式就形成一種新的管理模式，企業需要找到最合適自己的整合模式，最大限度地凝聚產業鏈上的資源。有的模式開創了藍海，滿足了新的需求，做到了傳統生產所無法完成的任務；有的模式減少了信息不對稱，增加了運作透明度，減小了市場摩擦；有的模式能給合作方帶來更多、更公平的發展機會，分享了收益；還有的模式提高了社會生產效率，減少了資源使用和環境污染。

9.2.3 柔性化的生產技術

企業往往通過較高的柔性生產技術，來滿足客戶的個性化需求。靈動管理的實現建立在生產技術的升級基礎上。對於信息化薄弱、生產運作不規範、管理水平低下的企業而言，實施靈動管理往往伴隨著更大的管理難度、更高的管理成本和更大的投資風險。企業只有做精技術，不斷優化生產流程，完善小批量、多品種生產線的建設，才能水到渠成地順利實施靈動管理。

9.2.4 數字化的經營管理

靈動管理的本質是創新性地整合各類優勢資源，形成企業獨特的競爭優勢。這種整合必要打通企業內部、供應鏈各環節、線上平臺和線下實體店的信

息系統。沒有全程的數字化經營管理就不能完成體驗、定制、支付、生產、採購、配送等各環節的閉環。靈動管理適用於消費者驅動的新型供應鏈，它以消費者需求為起點，在商業鏈條上一層層倒逼傳導。企業必須具備很強的數據處理和分析能力，才能對消費者大規模的數據進行收集和整理，做到按需生產。

9.2.5 高效的產業鏈整合

靈動管理除了滿足消費者個性化的需求外，還有另外一個重要的作用就是打通渠道，減少環節，減少庫存應提高利潤率。要獲得競爭優勢除了需要生產的柔性化以外，還應包括及時採購、及時配送、優質體驗、完善服務、暢通網上營銷等關鍵活動，這些活動大部分不是一家企業所能完成的，必須要高效的產業鏈整合機制協同所有環節集成化運作。在前面靈動管理典型模式中所分析到的案例企業全部都具備各自獨特的產業鏈整合方式。

下圖呈現了靈動管理的幾種模式，總結了其成功的因素（如圖 9-1）。

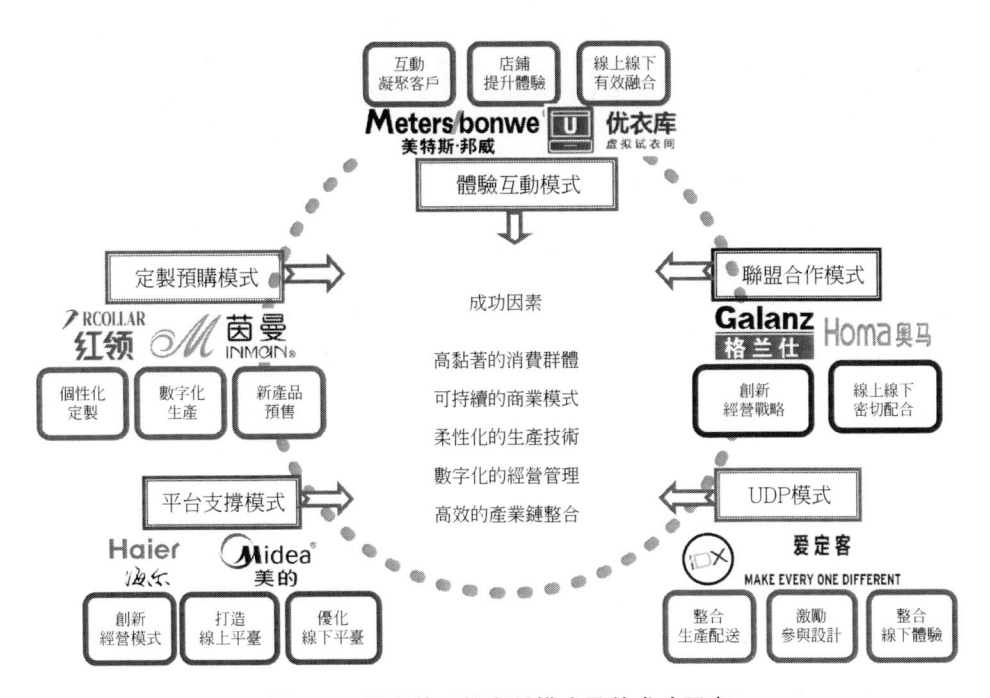

圖 9-1　靈運管理的幾種模式及其成功因素

9.3 靈動管理的行業特性

9.3.1 需求個性化強

個性化需求通過靈動管理模式才能形成一定生產規模，並能在顧客要求的外觀、價格、服務、功能、配送等方面迅速滿足。越是個性化需求旺盛的行業，越適合開展靈動管理。拿家電行業來說，隨著消費者收入的增長和生活水平的提高，他們更加關注個性化的家電產品。雖然市場上家電種類眾多，但同質化嚴重，消費者仍然買不到自己滿意的產品。家電需求的新動向從「實用」轉變為「個性」，這是企業開展靈動管理的驅動因素。服裝行業更是具有極強的創新性，這種較高個性化需求的行業特別適合開展靈動管理。

9.3.2 體驗服務要求高

傳統的電子商務帶來了線上的諸多便利，如商品與服務的信息透明，便於搜索、對比、評價，能夠整合需求索取更多優惠、整合供給提供更多選擇，同時把需求與供給信息集成，實現網上支付、預付、預約、預購。但實體店能夠傳達實際體驗使消費者能夠享受購物環境、感受現場服務，最終瞭解消費者更全面的信息等。消費者面對電商提供的一些產品相關的圖片和視頻的介紹決定購買與否的時代將要過去，消費者期待網絡的優勢，更期待高品質的服務與一流的體驗。從服裝行業和家電行業來看，消費者的試穿、試用更能帶給消費者準確的判斷，也能提供優質的購物環境，這類對體驗服務要求高的行業，也適合開展靈動管理。

9.3.3 行業競爭激烈

越是競爭激烈的行業，需求創新和新模式的動力就越強。類似家電、服裝等企業所處的行業均具有極強的競爭性，這些企業實施靈動管理的優勢之一就是企業可以「原汁原味」地將產品價值、品牌形象傳達給更多的消費者，增強消費者對品牌的忠誠。同時，按照統一的生產銷售計劃，完成庫存和物流的優化配置，從而實現銷售利潤新的增長。

9.3.4 傳統管理成本高

傳統的管理效率較低，從銷售渠道來看，傳統營銷中間環節多、銷售點數

量龐大，整個渠道的運作成本高，存貨巨大。例如 2014 年 19 家 A 股服裝企業中，步森股份上半年虧損最多，虧 3,300 萬元；著名男裝品牌七匹狼上半年門店數量則減少了 347 家；報喜鳥存貨余額同比增長率最高，達 27.62%。多數服裝上市公司普遍在中報中表示，面臨宏觀經濟形勢及行業競爭等壓力，欲通過關閉虧損門店、推進多品牌戰略、開發新優質客戶、發展線上線下營銷模式等措施，以求立足行業，長遠發展。移動互聯網時代的企業可以通過靈動管理重新創造生機，爆發活力。

9.4　靈動管理的推進方式

9.4.1　轉變經營理念

　　轉變經營理念是推動靈動管理實施的第一步，通過有計劃地開展相關知識培訓，讓企業內部員工和運作鏈上的成員瞭解資源整合的內容及推進的目的。資源的靈活整合與優化配置是企業發展的大勢所趨，只有從根本上理解和接受這種模式，在各方的協調和配合下才會降低矛盾和誤解，使產業鏈形成一個統一的全局觀，提升對靈動管理理念的認識水平，為靈動管理的推進營造良好的環境。

9.4.2　創新盈利模式

　　各類資源的整合方式多種多樣，每一種整合就是一種新的運作模式。每種運作中企業都面臨著激烈的競爭。我們看到每一個新的管理模式誕生，就會牢牢地占據一個市場，企業再想跟進這個市場，就要付出巨大的投入，這就要求企業創新出適合自身發展的獨特的整合模式。企業需要認真梳理自己能夠利用的資源，以目標消費者的需求為導向，對自己的角色進行重新定位，明確各類資源的分工，設計良好的利潤分配機制，為企業發展提供一個高效的組織結構與治理構架。

9.4.3　實施資源整合

　　按照制定的盈利模式，完成全部資源的整合。選擇企業最為重要的幾個場景，詳細分析客戶從哪裡來，怎麼完成體驗，怎麼下訂單，怎麼製造配送產品，怎麼完成服務等具體流程，確立運作的具體目標定位與運作章程。進一步整合各類資源，完成有序的進口與出口安排；進一步優化企業資源，增加增值

性活動，增強價值，創造功能。有效激勵各類資源提供者的融合，給予融合中利益受損方補貼，保證資源整合的有效實施。

9.4.4 優化生產組織

靈動管理有利於生產運作模式的轉變和產業的升級，是一場新的商業革命，這也是其實施的重要意義。如果企業的管理組織模式沒有變化，那麼還是「新瓶裝舊酒」，企業獲得的收益是有限的，也是不穩定的。企業特別注意借助靈動管理的實施，有效整合內外部資源，使企業的運作發生質的飛躍，能夠以更好的柔性，更低的成本，更精確的時間，更大範圍的合作完成客戶的需求，使企業的核心能力真正得到提高。

9.4.5 強化客戶服務

客戶服務和價值創造是靈動管理的核心和根本。客戶的一次成功消費經歷，不僅能增進其對產品的進一步購買，還能為企業帶來更好的評價和口碑；而一次失敗的消費經歷帶來的效果恰恰相反。不注意強化客戶服務質量，把客戶當成新的管理模式的試驗品，最終結果就是客戶流失越來越多，不停地花錢去推廣和買流量，引進新客戶，成本大大增加。強化客戶服務還要做好客戶數據分析，從客戶的購買數據中挖掘出有價值的指導信息，促進各類資源、各個環節的有效整合。

9.5 靈動管理的幾點經驗

9.5.1 妥善處理各類資源提供者的關係

靈動管理的運作基於最有效的整合資源的基礎之上。經營資源分佈在不同的區域、不同的提供者手中，要有效整合這些幾乎獨立的運作資源和系統，是比較「頭疼」的問題。這種合作是隨著消費群體的變化而動態調整的，所以企業的目標必須是清晰的，要完成什麼樣的任務，要實現什麼樣的效果，靈動管理實施的戰略規劃是明確的。另外，打造資源合作的商業平臺是非常重要的，無論是哪類資源、哪些提供者、哪些消費者，都能按照完善的行業標準、規範的服務體系整合在同一個平臺系統上，打通整個產業鏈運作通道，把消費者、銷售、生產、供應等各個環節連成一個整體。

9.5.2 嚴格管理支付運作流程

現代商務中，有效的支付體系是完善客戶服務、提升支付效率的重要環節。消費者可能通過網絡銀行、支付寶、微信支付等電子支付平臺支付，也可能使用POS系統或者現金支付。企業應該嚴格管理支付流程，建立起安全便捷的支付體系。企業應該以消費者利益為核心，與各類合作企業、第三方支付平臺緊密協作，建設完善的支付體系。同時，還要加強網絡支付的技術安全保障，提供快捷安全的支付通道，保障支付體系的安全。同時，規範的運作流程是靈動管理「落地」的主要保障。靈動管理以更便捷、更廣泛、更深入的方式改變著消費模式、生產模式和交換模式。生產企業如果不完善自己的運作技術，不提升運作管理水平，不規範運作管理過程，那麼靈動管理就很難實現。

9.5.3 大力發展智慧物流配送

靈動管理涉及眾多的合作廠商和分佈複雜的客戶，物流儼然成為經營運作和服務體驗的重要一環。各類生產資源不能及時到達生產線，貨物不能及時、安全到達客戶手中，靈動管理的效果就大打折扣。物流就是靈動管理的重要生命線，也是客戶的重要體驗路徑。當物流人員把商品配送到消費者手中時，物流人員的言談、素質、態度、服務等都帶給消費者直接的體驗。個性化生產與貨物配送調度也離不開優質的物流服務。靈動管理以消費者為核心的倒逼式運作流程，接到消費者的訂單才開始組織設計、採購、生產、配送的營運過程，這一系列環節沒有高效率的物流根本無法完成。大力發展智慧物流配送，建立高效的配送服務體系，提供標準化、個性化、增值化的物流服務，能有效促進靈動管理的運作。

9.5.4 積極營造誠信經營文化

要引導企業梳理誠信觀念與品牌意識。虛假的宣傳、失敗的體驗、價格的詐欺等不規範服務對靈動管理的發展是致命的，失敗的合作不僅使一個合作者產生抵制，更會使一大批合作者產生猶豫，甚至會對整個行業產生懷疑。企業發展壯大的根基是誠信，要做到以誠信換取美譽度、以誠信打造品牌、以誠信提升凝聚力。

要建立企業信用記錄體系。監督管理部門要及時解決合作者的投訴，明確責任關係，最大化地保障合作者的權益，定期對企業經營誠信度進行公示，加大對違規行為的震懾和預防。

要出抬相應的規章制度。目前國家對資源整合領域的法律法規還不完善，需要盡快出抬相關的法律法規，保護靈動管理運作中各方的權益，做到有法可依、違法必究，有效制約管理運作中出現的不法行為。

10　研究成果與學術貢獻

10.1　成果與結論

10.1.1　知識與規則視角的組織結構分析

　　企業的組織結構是組織成員相互合作生產的方式，同時也是企業資源和權力分配的載體。從資本的累積到資本的擴大，從知識能力的弱小到強大，企業對成員工作能力的要求在改變，組織的資源與權力在不斷調整與重新分配，企業的規章制度也不斷發生變化，企業的組織結構正經歷著深刻的變革。組織不僅僅是要簡單的減少交易成本，還要能夠以完全不同於市場的邏輯來整合某種經濟活動，特別是整合不同個體的知識於生產產品和服務的過程中，其中意會知識是難以溝通和傳輸的。組織的效率取決於如何以最小化的成本來使用規則、慣例和其他整合機制，來達到降低知識傳輸成本與知識溝通成本的目的。企業通過知識與規則來進行管理，組織結構是知識管理與規則管理的融合體。從知識與規則的角度分析組織模式的演變，更接近組織結構的本質。這一部分用文獻研究與對比研究梳理了組織結構的發展脈絡，採用動態經濟理論建立知識與規則對組織結構的影響模型來分析組織結構，並把組織結構從知識能力與規則密度兩個維度分為四種結構。

　　（1）關係型組織結構

　　關係型組織結構（G型）的規則密度很小，管理不健全、不規範，沒有正式的規章制度，管理層次較少，管理幅度較大；關係型組織結構所具備的知識能力很弱，核心優勢是某一方面較少的知識或者資本，是一種知識能力和規則密度都比較小的組織結構。企業主要是由少數關鍵人物起主導作用，這時企業的知識主要集中於少數的創新者，企業也一般是將權力高度集中於創業者和管理層。

(2) 集權型組織結構

集權型組織結構（U 型）的典型代表如職能式組織結構，它適合於外界環境變化小，技術相對穩定，知識能力較弱的情況。創業者的知識在企業中間得到有效的傳播，員工在實際的操作過程中不斷地累積專有知識與隱性知識，組織規模擴張，目標在於最優化利用已有的知識，促進內部效率的提升和技術專門化的發展。將企業的全部任務分解成分任務，並交與相應部門完成，通過制度化、規範化、標準化來發展規模經濟，正式的權力和影響來自於職能部門的高層管理者，縱向控製多於橫向協調，正式溝通多於非正式溝通，規則密度大。

(3) 分權型組織結構

分權型組織結構（M 型）根據知識能力的高低進行不同程度的分權，如：事業部制、控股公司制、矩陣制等。常見的是事業部門型組織結構，這種結構根據業務按產品、服務、客戶、地區等設立半自主性的經營事業部，公司的戰略決策和經營決策由不同的部門和人員負責，使高層領導從繁重的日常經營業務中解脫出來，集中精力致力於企業的長期經營決策，並監督、協調各事業部的活動和評價各部門的績效。

(4) 靈動型組織結構

隨著知識經濟的興起，貨幣資本的大規模累積，知識成為企業競爭的關鍵性稀缺資源，知識資本取代貨幣資本居於企業組織結構的核心，知識替代資本成為價值的增長源與經營風險的主要承載體，擁有剩餘索取權和剩餘控製權。雇員隊伍的重心從體力員工和文案員工迅速轉向知識型員工，在靈動型組織結構（S 型）中，知識主要存在於基層，存在於知識員工的腦海中，這些知識型員工在基層從事不同的工作，自主管理與自主決策，知識重新實現了從管理層到員工的迴歸，企業的權力也相應地實現了分散化。

10.1.2 增值性與適應性兩個維度的個體行為研究

Harvey Leeibenstein（1983）認為，新古典模型中關於廠商的理性人假定存在問題，廠商本來無所謂理性，廠商作為一個組織，是由個人組成的，只有個人理性集合成一個集體理性，才稱得上是組織理性。個體行為是恰當的研究單位。個體是指組織內部的單位，它可以是一個員工，也可以是一個部門，或者一個小組織。對組織成員個體行為從增值性（反應對外部客戶價值的增加）與適應性（反應對組織成員自身價值和偏好的適應程度）兩個維度可以劃分為四個種類：

（1）價值因行為：是企業或個人創造價值的主要活動。這種活動適應所處企業的環境，通過已有的知識和適應性改進完成增值活動，具有較強的適應性與較高的增值性。如 Michael E. Porter 提出的價值鏈，把企業內外價值增加的活動分為基本活動和支持性活動，基本活動涉及企業生產、銷售、進料后勤、發貨后勤、售后服務，支持性活動涉及人事、財務、計劃、研究與開發、採購等，這些活動中為客戶帶來價值的活動均屬於價值因行為。

（2）程式因行為：該活動主要為了適應所處企業的環境，增值性較小，大多是程序性的活動，比如組織內部的各種手續、層層的匯總、審批、報告等活動。這種行為一般是為了應對規則，規則改變后個體即失去實行的動力，適應性很低。

（3）偏好因行為：該活動主要為了滿足個體自身的偏好，比如員工的愛好、性格、專長、喜歡的文化與工作等，增值性較小。很好地利用偏好因行為能極大地提高個體的積極性，如提供各種員工喜好的工作方式、活動、和業務無關的培訓與學習等。偏好因行為能反應出真正的企業文化，它是個體自覺、自發、偏好的行為方式，有很好的適應性。

（4）變革因行為：個體對所處企業環境有兩種反應，一是適應，另外就是變革。變革因行為是不能適應或不滿足於現狀而實施的行動，往往具有很大的增值性，同時伴隨著較大的風險。

10.1.3 組織結構對個體行為與企業績效的影響分析

（1）知識與規則對個體行為與企業績效的影響及個體行為間的關係分析

規則與知識通過影響個體行為而產生企業績效。在已有文獻與資料的基礎上構建理論模型，設計量表和調查方案並組織實施調查，用結構方程分析知識與規則對個體行為的影響、個體行為的相互作用以及個體行為對企業績效的作用情況。結果顯示，大規則密度對價值因行為具有正向的影響，大規則密度會促進程式因行為，減少偏好因行為和變革因行為；強知識能力減少程式因行為並促進其他三種行為。價值因行為與程式因行為負相關，與偏好因行為、變革因行為正相關；程式因行為與偏好因行為、變革因行為負相關；偏好因行為與變革因行為正相關。四種行為中除了程式因行為外，其他個體行為均利於提高企業績效。規則密度與知識能力顯著負相關，規則密度大的企業知識能力弱。

（2）不同知識與規則分佈下的組織結構對個體行為與企業績效的影響

首先採用聚類分析從知識能力與規則密度這兩個維度，把採集的樣本按組織結構劃分為四類：關係型組織結構（規則密度小，知識能力低）、集權型組

織結構（規則密度大，知識能力低）、分權型組織結構（規則密度大，知識能力高）和靈動型組織結構（規則密度小，知識能力高）；然后對組織結構與四種個體行為展開相關性的判別分析，明確組織結構對各種行為的影響；最后對組織結構與企業績效進行相關性的判別分析，明確組織結構對企業績效的影響。研究結論說明，組織結構會對企業績效產生巨大的影響。在關係型組織構中，組織結構與企業績效顯著負相關；集權型組織結構與企業績效正相關；在分權型組織結構中，組織結構與企業績效顯著正相關；靈動型組織結構與企業績效顯著正相關。隨著組織結構知識能力的不斷增長與規則密度的不斷降低，企業績效不斷增加。

10.1.4　靈動管理模式的建立

（1）靈動管理思想的提出

知識能力日益構成企業能力的基礎，企業的規則管理程度變小，企業的行為方式、結構、習慣、程序、流程等規則越來越多是基於知識並由知識來驅動和支持，組織結構呈現規模更小、更加扁平化、更加多樣化、更加靈活與個性化。企業的邊界也將按照知識來重新定義與組織。隨著環境、知識的改變，企業的模式也隨之改變，權力和結構更加依附於知識而不是特定的人和資本，知識相對於資本的獨立性愈強，更加以人為本，強調人的積極性、主動性和創造性，組織不再重複以往的重組與變革。Lewin 提出了包含解凍、變革、再凍結三個步驟的有計劃地組織創新與變革模型，該模型中組織變革后又形成新的規則。這本身又是一種人和物的規則化，隨著發展又要被打破，不斷進行重組，反覆「打破—建立—固化—過時」這樣一種模式。這個過程中，新思想取代舊思想，新流程取代舊流程，新規則取代舊規則，必然要經歷一個動盪、混亂、革新陣痛甚至失敗的過程，付出的代價很高。靈動管理要求圍繞目標建立知識驅動規則的組織體系與管理模式，把變化設定為常態，組織功能是促進知識的產生與競爭，管理層轉變為輔助層，支持組織成員實現目標。

（2）靈動管理模式的建立與應用

靈動管理模式的宗旨：第一是為了降低規則因行為。在個體的四種行為中，規則因行為與組織績效負相關，規則因行為成為個體行為中最大的浪費，不斷地降低規則因行為，可以提升組織績效。降低規則因行為是靈動管理的一個主要內容；第二是通過結構優化提高組織業績。規則因行為的降低必然要求更為高效的知識配置，更為靈活的規則運用，做到這些的前提是組織結構的靈動化，即組織結構能適應這樣的配置與變化；第三是通過結構優化提高個體效

率，使個體能動性得到充分釋放，去除了活動中無意義的部分；第四是通過靈動管理提高資源合理配置程度，靈活機動地配置企業資源，提高資源利用效率；最后是促進創新，使個體創新性得到充分發展。

靈動管理的構建策略可以從規則靈動化、個體行為分析與優化、建立企業內部資源庫與建設靈動組織結構四個方面進行分析，並分別提出了四種工具與方法的構建模式與過程。

10.2　本研究的學術貢獻

（1）從知識與規則的角度描述組織結構

組織結構為組織成員提供了明確的規則與協作方式，但這種規則又存在很強的負面作用，隨著環境的變化，需要不斷進行組織變革，這時原有規則又會影響組織結構的變化。知識另一方面會促進組織結構的變化，當企業知識存量較少時，通過統一的規則來進行管理，能夠在較低的管理成本上獲得較大收益；隨著企業知識的不斷擴張，標準化的規則很難支持大規模的知識形成與創新，規則管理的成本在增加，收益在減少，而知識管理的成本和收益的趨勢正相反。傳統的以規則管理為核心的組織結構與治理模式受到越來越多的挑戰，知識對組織結構的影響越來越大。論文從知識與規則兩個方面描述組織結構，根據組織中知識能力的高低以及規則密度的強弱，把組織結構分為四類：關係型、集權型、分權型與靈動性。並用動態經濟學理論構建了知識與規則的描述模型，對於深入分析組織結構具有一定的理論價值與現實意義。

（2）對行為從增值性與適應性兩個維度進行分類研究

一般對個體行為的研究從目標與動機入手，這種針對每個個體的研究太過細緻；複雜行為模型提供的個體行為系統太過複雜，以至於實踐中難以操作；個體的職業行為分析模型則忽視了職業行為與非職業行為的聯繫。本書對組織成員個體行為從增值性（反應對外部客戶價值的增加）與適應性（反應對組織成員自身價值和偏好的適應度）兩個維度進行分類研究，把個體行為分為價值因行為、偏好因行為、變革因行為與程式因行為。這種分類既包含了個體的職業行為，也包括了個體的非職業行為，綜合考慮了個體的行為動機與行為層次，對於研究個體行為有創新性與現實可操作性。

（3）考察了組織結構對企業績效的作用

①構建了相關測度量表

通過對大量文獻的研究與企業實踐的精煉，在知識能力、規則密度、價值因行為、程式因行為、偏好因行為、變革因行為與企業績效6個方面使用焦點小組研究方法，在管理專家與學者們的參與下，經過細緻驗證，形成了正式的測度量表。

②驗證了知識與規則對個體行為的影響

組織成員個體行為 B 受到規則 R 與知識 K 的影響，$B=f(K, R)$，組織正是提供這些規則與知識來支持行為的效率。企業是通過影響個體行為而產生企業績效。在已有文獻與資料的基礎上構建結構模型，設計量表和調查方案並組織實施，重點是採用一些典型的企業和員工的調查數據，使用結構方程、聚類分析與判別分析等方法進行研究，探究了不同規則與知識狀況下的組織結構對各種個體行為的影響狀況，以及各種個體行為對企業績效的作用情況。數據表明，大規則密度對價值因行為具有正向的影響，系數為0.13，進一步分析是因為接受調查企業中有一些處於知識能力和規則密度都很小的境況，所以規則密度對價值因行為、知識的引入與擴散有一定正向作用。企業規則密度越大，程式因行為越多，成員用在程式因的標準化行為上的精力就越多，員工喜好的行為方式被越被弱化。在調查過程中也發現，越是規則密度大的企業，成員工作的享受和偏好不如小規則密度的企業。大規則密度企業的變革行為也較少，因為標準化的流程與長期習慣難以改變。研究結論表明，強知識能力會促進程式因行為以外的三種行為並會減少程式因行為，成員有更多的時間和精力用在價值創造、創新與變革和偏好的事務上。

③明確了個體行為間的關係及個體行為對企業績效的作用

價值因行為越多，程式因行為越少；價值因行為越多，偏好因行為越多，成員創造價值越多，滿足感和偏好感越強，越喜歡和享受工作；價值因行為越多，激勵成員更加努力把工作做好，變革因行為也越多；數據顯示程式因行為與變革因行為並不存在正相關，程序性活動增多對變革性活動並不利；偏好因行為與變革因行為也不存在顯著負相關，成員越是偏好企業環境，變革因行為越多，企業績效就越有希望被提高。四種行為中除了程式因行為外，其他活動均利於提高企業績效；規則密度與知識能力顯著負相關，規則密度大的企業知識能力弱。

④分析了組織結構對個體行為與企業績效的影響

研究的理論模型與實證結果說明了，組織結構會對個體行為產生重要的影

響。在關係型組織中，組織結構與偏好因行為顯著正相關，與價值因、程式因、變革因等個體行為負相關。在關係型組織中，偏好因行為占到很大的比例；集權型組織結構與程式因行為、價值因行為顯著正相關，與偏好因行為、變革因行為負相關。在集權型組織中，價值因行為與程式因行為占到很大的比例；在分權型組織中，組織結構與價值因行為、偏好因行為、程式因行為、變革因行為均正相關。在分權型組織中，四種個體行為比例大致相同；靈動型組織結構與價值因行為、偏好因行為、變革因行為顯著正相關，與程式因行為顯著負相關。在靈動型組織中，價值因行為、偏好因行為、變革因行為占到很大的比例。

研究結果也表明，組織結構會對企業績效產生巨大的影響。在關係型組織中，組織結構與企業績效顯著負相關；集權型組織結構與企業績效正相關；在分權型組織中，組織結構與企業績效顯著正相關；靈動型組織結構與企業績效顯著正相關。隨著組織結構知識能力的不斷提升與規則密度的不斷降低，企業績效不斷增加。

（4）建立知識驅動規則的靈動管理模式

組織嚴格劃分作業與決策，過分依靠管理者的智慧，使得企業行動緩慢。對於組織早已存在與發現的問題，不能及時解決。很多成員為不喜歡和無效率的事而忙碌，但企業收益甚微。現在的組織，不僅是生產的方式，也是組織成員生活與存在的方式，不僅生產產品獲得報酬，也代表了成員的理想與價值、尊嚴與意義。研究結論明確了這些問題的關係，有助於優化企業的組織結構、個體行為與管理模式。

基於以上研究結論提出了知識驅動規則的靈動管理模式，分析了靈動管理模式的內涵與思想，研究了靈動管理的構建方法。規則靈動化、個體行為分析與優化、建立企業內部資源庫與建設靈動組織結構這四個方面對於提升企業創新能力、提高企業業績具有普遍的實用性與可操作性。靈動模式的建立不僅使企業獲得巨大的競爭力，也使企業獲得巨大的制度優勢。當其他企業還在繁雜規則的羈絆下劃一行走，靈動企業自由馳騁，員工的靈活性與自由度使組織獲得巨大的凝聚力與創造力，並促進資源及時、靈活地優化配置。

10.3　本研究的不足

　　本書研究組織結構通過個體行為對企業績效的影響，在這個過程中雖然組織結構起著重要作用，但影響個體行為與企業績效的因素是多方面的，而我們在選擇調研對象進行研究時，很難排除其他因素的影響。比如在我們收集的數據中，各個企業的行業背景、生產特點、企業文化、企業戰略等不同也會影響個體行為與組織績效，如何控製及消除這些因素的影響還沒有得到更為深入的研究。

10.4　后續研究方向

　　在知識與規則視角下的組織結構對個體行為與企業績效的影響研究中，個體行為類別之間的相互影響關係與原理還可以進行更為細緻的分析；對於靈動管理模式，本研究給出了概念性的思想與構架。靈動管理模式與思想在不同行業中的應用可以繼續深入研究，並可經過不斷的實踐探索，使在靈動管理模式方面能出現更具有可操作性的方法與工具。

參考文獻

1. M. Hammer, J. Champy. Redesign of the business [M]. Barcelona: Parramon, 1994: 45-46.

2. Weiek, K. E., Quinn, R. E. Organizational change and development [J]. Annual Review of Psychology, 1999 (50): 361-386.

3. Warner Burke. Organization change: Theory and practice [M]. Sage Publications, 2001: 107-109.

4. Gersiek, C. J. G. Revolutionary change theories: A multilevel exploration of the punctuatede quilibrium paradigm [J]. Academy of Management Review, 1991 (16): 10-36.

5. Levinson D. J. The seasons of a man's life [M]. New York: Knopf, 1978: 98-101.

6. Gersick J. G. Time and transition in workteams: Toward a new model of group development [J]. Academy of Management Review, 1988 (31): 39-41.

7. Tushman, M. L. Organizational evolution: A metamorphosis model of convergence and reorientation [J]. Research in Organizational Behavior, 1985 (7): 122-171.

8. Lankkanen M. Comparative cause mapping of organizational cognitions [J]. Organization Science, 1994, 5 (3): 322-343.

9. Luscher, Lewis. Oraganizational change and managerial sensemaking: Working through paradox [J]. Academy of Management Journal, 2008 (2): 38-46.

10. Churchman. The designing of inquiry systems: Basic concepts of systems and organisation [M]. New York: Basic Books Press, 1971: 236-389.

11. I. Nonaka, V. Peltokorpi. Objectivity and subjectivity in knowledge management: A review of 20 top articles [J]. Knowledge and Process Management,

2006, 13 (2): 73-82.

12. Petrash G. Dow's journal to a knowledge value management culture [J]. European Management Journal, 1996, 14 (4): 365-373.

13. J. Pfeffer, R. I. Sutton. The knowing doing gap: How smart companies turn knowledge into action [M]. Boston: Harvard Business School Press, 2000: 281-323.

14. Spender, J. Making knowledge the basis of a dynamic theory of the firm [J]. Strategic Management Journal, 1996, 17 (1): 45-62.

15. Ghoshal S., Moran P. Bad for practice: A critique of the transaction cost theory [J]. Academy of Management Review, 1996, 21 (1): 13-47.

16. Kogut, B., Zander, U. What firms do coordination, identity and learning [J]. Organization Science, 1996, 7 (5): 502-518.

17. Debra M. Amidon. Innovation strategy for the knowledge economy: The ken awakening [M]. New York: Reed Educational & Professional Publishing Ltd, 2006: 213-226.

18. Yogesh Malhotra. Measuring knowledge assets of a nation: Knowledge systems for development [J]. Academy of Management Journal, 1996, 39 (4): 836-866.

19. K. Wiig. Knowledge management foundations [M]. Arlington: Schema Press, 1993: 202-241.

20. T. H. Davenport, L. Prusak. Working knowledge: How organizations manage what they know [M]. Boston: Harvard Business School Press, 1998: 211-213.

21. Tim Kotnour. Organizational learning practices in the project management environment [J]. International Journal of Quality & Reliability Management, 2000, 5 (4): 31-36.

22. Garvin David A. Building a learning organization [J]. Harvard Business Review, 1993, 7 (8): 78-91.

23. Daniel E, O Leary. Enterprise resource planning systems, life cycle, electronic commerce and risk [M]. Boston: Harvard Business School Press, 2000: 112-151.

24. Thomas A. Stewart. The wealth of knowledge [M]. New York: Utopia Limited, 2001: 93-102.

25. Bontis, N. There's a price on your head: Managing intellectual capital strategically [J]. Business Quarterly, 1996, 4 (2): 41-47.

26. K. Romhardt, G. Probst. Building blocks of knowledge management — a practical approach, input-paper for the seminar [J]. Knowledge Management and the European Union Towards a European Knowledge, 1997, 3 (1): 213-224.

27. Wiig, K. M. Integrating intellectual capital and knowledge management [J]. Long Range Planning, 1997, 30 (3): 399-405.

28. K. E. Sveiby. The new organizational wealth: Managing and measuring knowledge-based assets [M]. San Francisco: Berret-Koehler Publications, 1997: 222-245.

29. Bassi, L. J. Harnessing the power of intellectual capital [J]. Training and Development, 1997, 12: 25-30.

30. Chait, Herschel N. How organization learn: An integrated strategy for building learning capability [M]. Durham: Personnel Psychology, 1997: 771-774.

31. Guns. B. The faster learning organization: Gain and sustain the competitive edge [M]. San Francisco: Jossey-Bass Publishers, 1998: 93-111.

32. M. Stankosky. Creating the discipline of knowledge management: The latest in university research [J]. Butterworth-Heinemann, 2006, 30 (1): 251- 266.

33. G. von Krogh, K. Ichijo, I. Nonaka. Enabling knowledge creation [M]. Oxford: Oxford University Press, 2000: 202-231.

34. Paul Chinowsky, Patricia Carrillo. Knowledge management to learning organization connection [J]. Journal of Management in Engineering, 2007 (7): 122-130.

35. Andreas Riege, Michael Zulpo. Knowledge transfer process cycle: Between factory floor and middle management [J]. Australian Journal of Management, 2007 (12): 293-314.

36. Chandler Alfred D. Strategy and structure: Chapters in the history of the American industrial enterprise [M]. Cambridge: MIT Press, 1962.

37. Blau, Peter M. On the nature of organizations [M]. New York: Wiley. 1974.

38. Stewart Ranson, Bob Hinings, Royston Greenwood. The structuring of organizational structures [J]. Science Quarterly, 1980 (5): 1-17.

39. Robbins S P. Organization theory: Structure, design, and applications

[M]. Englewood Cliffs: Prentice Hall, 1983.

40. Henry Mintzberg. The structuring of organizations [M]. Englewood Cliffs: Prentice Hall, 1979.

41. Leavitt, Harold J. Managerial psychology: An introduction to individuals, pairs, and groups in organizations [M]. Chicago: University of Chicago Press, 1964.

42. Warren G, Bennis Warren, Herbert A. Shepard: A theory of group development, in theodore [M] //Mills, Stan Rosenberg. Readings on the Sociology of Small Groups. Englewood Cliffs: Prentice Hall, 1970: 220-238.

43. Donaldson L. American anti-managemant theories of organization: A critique of paradigm proliferation [M]. Cambridge: Cambridge University Press, 1995: 21.

44. P. Selzniok. Leadership in administration [M]. New York: Harper & Rwv, 1957.

45. C. K Prahalad, Gary Hamel. The core competence of the corporation [J]. Harvard Business Review, 1990, 68 (3): 79-91.

46. A. Alchian, H. Demsetz. Production. Information costs and economic organization [J]. American Economic Review, 1972, 55 (165): 777-795.

47. M. Jensen, W. Meckling. Theory of the firm: Managerial behavior, agency costs and ownership structure [M]. Journal of Financial Economics, 1976: 305.

48. Schein, E. H. Organizational culture and leadership [M]. 2th ed. San Francisco: Jossey Bass, 1992.

49. Kotter J P, Schlesinger L A. Choosing strategies for change [J]. Harvard Business Review, 1979, 3: 106-144.

50. Leonard-Barton, D. Wellsprings of knowledge [M]. Boston: Harvard Business School Press, 1995.

51. Gold, A. H., Malhotra, A., Segars, H. Knowledge management: An organizational capabilities perspective [J]. Journal of Management Information Systems, 2001, 18 (1): 185-214.

52. Pavitt, K. Technology, management and systems of innovation [M]. Cheltenham: Edward Elgar Publishing Limited, 1999.

53. H. Demsetz. The theory of the firm revisited [M] //in O. E. Williamson, S. G. Winter (Eds). Oxford: Oxford University Press, 1991.

54. Kogut, B., U. Zander. Knowledge of the firm, combinative capabilities,

and the replication of technology [M]. Organization Science, 1992, 3: 383-397.

55. Grant, Robert M. Toward a knowledge-based theory of the firm [M]. Strategic Management, 1996 (17): 109-122.

56. Liebeskind, J. P. Knowledge, strategy, and the theory of the firm [M]. Strategic Management Journal, 1996 (17): 93-107.

57. Tsoukas H. The firm as a distributed knowledge system: A constructionist approach [J]. Strategic Management Journal, 1996, 17: 11-25.

58. B. Marr. Measuring and benchmarking intellectual capital [J]. Benchmarking: An International Journal, 2004, 11 (6): 559-570.

59. J. H. Ahn, S. G. Chang. Assessing the contribution of knowledge to business performance: The KP^3 methodology [J]. Decision Support Systems, 2004, 36 (4): 403-416.

60. L. M. Gonzalez, R. E. Giachetti and G. Ramirez. Knowledge management centric help desk: Specifications and performance evaluation [J]. Decision Support Systems, 2005, 40 (2): 389-405.

61. Kubota R, Kiyokawa K, Arazoe M, et al. Analysis of organisation committed human behavior by extended cream [J]. Cognition, Technology & Work, 2001 (3): 67-81.

62. Rumelt R P. Strategy, structure and economic performance [M]. Cambridge: Harvard University Press, 1974.

63. Stern J, Stewart G B, Chew D. The EVA financial management system [J]. Journal of Applied Corporate Finance, 1995, 8 (2): 32-46.

64. Kaplan R, Norton D. The balanced scorecard measures: That drive performance [J]. Harvard Business Review, 1992, 70 (1): 71-79.

65. Neely A, Adams C, Kenerley M. The performance prism: The scorecard of measuring and managing business success [M]. New York: Pearson Education Limited, 2002.

66. Global Report Initiative. GRI (2006) [EB/OL]. [2009-05-12]. http://www.globalreporting.org.

67. Annick Willem, Marc Buelensa. Knowledge sharing in interunit cooperative episodes: The impact of organizational structure [J]. International Journal of Information Management, 2009, 2 (29): 151-160.

68. Chen, J, W. Huang. How organizational climate and structure affect knowl-

edge management: The social interaction perspective [J]. International Journal of Information Management, 2007, 27: 104-118.

69. M. Stankosky. Creating the discipline of knowledge management: The latest in university research [M]. Oxford: Butterworth-Heinemann, 2005.

70. Jon-Arild Johannessen. Organisational innovation as part of knowledge management [J]. International Journal of Information Management, 2008, 28: 403-412.

71. Tiwana. The knowledge management toolkit: Orchestrating IT, strategy, and knowledge platforms [M]. Englewood Cliffs: Prentice Hall, 2002.

72. G. von Krogh, K. Ichijo, I. Nonaka. Enabling knowledge creation [M]. Oxford: Oxford University Press, 2000.

73. West, P, Noel T. The impact of knowledge resources on new venture performance [J]. Journal of Small Business Management, 2009 (47): 1-22.

74. De Luca, L. M, Atuahene-Gima, K. Market knowledge dimensions cross functional collaboration: Examining the different routes to product innovation performance [J]. Journal of Marketing, 2007, 71: 95-112.

75. Franz Todtling, Patrick Lehner, Alexander Kaufmann. Do different types of innovation rely on specific kinds of knowledge interactions? [J]. Technovation, 2009, 29 (9): 59-71.

76. Fremont E. Kast, James E. Rosenzweig. Organization and management: A systems approach [M]. New York: McGraw-Hill, 1969.

77. Austin R D, Devin L. Weighting the benefits and costs of flexibility in making software: Toward a contingency theory of the determinants of development process design [J]. Information Systems Research, 2009, 20 (3): 462-477.

78. Harvey Leeibenstein. Property rights and x-efficiency: Comment [J]. American Economic Review, 1983, 83: 831-842.

79. Hanpacgern C., Morgan G. A, Griego O. V. An extension of the theory of margin: A framework for assessing readiness for change [J]. Human Resource Development Quarterly, 1998, 9 (4): 39-350.

80. Hamel, Gary, Prahalad, C. K. Competing for the future [M]. Boston: Harvard Business School Press, 1994: 243-251.

81. Coase, R. H. The nature of the firm [J]. Economica, 1937, 4 (4): 386-405.

82. Charles W L. Hill, Garet R. Jape. Strategic in the global environment [J].

Strategic Management, 2001 (3): 224-225.

83. Recardo R J. The what and how of change management [J]. Manufacturing System, 1991 (5): 52-58.

84. Amir Levy, Uri Merry. Organizational transformations: Approaches, strategies, theories [J]. Administrative Science Quarterly, 1986, 33 (3): 471-476.

85. Beer, Michael, Nohria Nitin. Cracking the code of change [J]. Harvard Business Review, 2000, 78 (3): 133.

86. Rastogi, P. Knowledge management and intellectual capital - The new virtuous reality of competitiveness [J]. Human Systems Management, 2000, 19: 39-49.

87. Strebel, Paul. Why do employees resist change? [J]. Harvard Business Review, 1992 (74): 3.

88. Szilagvi, A. D. Organizational behavior and performance [M]. 3ht ed. Scott, Foresman and Company, 1983: 168-213.

89. Kanter, S., Todd, D. J. The challenge of organizational change: How company experience it and leaders guide it [M]. New York: Free Press, 1992: 234-237.

90. Mowday, R. T, Porter, W. L, Steers, R. M. Employee organization Linkages: The psychology of commitment, absenteeism and turnover [M]. New York: Academic Press, 1982: 233-238.

91. Robbins, S. P. Organizational behavior [M]. 9th ed. Englewood Cliffs: Prentice Hall, 2001: 341-348.

92. Nadler, D. A., Shaw, R. B. Change leadership: Core competency for the twenty first century discontinuous change: Leading organizational transformation [M]. San Francisco: Jossey-Bass Publishers, 1995: 1-14.

93. Goodstein, Leonard D., W. Warner Burke. Creating successful organization change [J]. Organizational Dynamics, 1991.

94. Tushman, M. L., C. A. O'Reilly. Ambidextrous organizations: Managing evolutionary and revolutionary change [J]. California Management Review, 1996, 38 (4): 8-30.

95. Mark Granovetter, Richard Swedberg. The sociology of economical life [M]. Boulder: Westview Press, 1992: 34.

96. Donnely, R. G., Kezsbom, D. S. Overcoming the responsibility-authority gap: An investigation of effetive project team leadership for a new decade [J]. Cost

Engineering, 1994, 36 (5): 33-44.

97. J Greenberg. Organizational behavior: The state of the science [M]. Hillsdale: Erlbaum, 1994: 109-133.

98. Michael L. Tushman. Managing strategic innovation and change: A collection of readings [M]. Oxford: Oxford University Press, 1998: 331-321.

99. Reger R. Stough strategic management of places and policy [J]. The Annuals of Regional Science, 2003: 38-45.

100. Peter M. Senge. The Fifth discipline fieldbook: Strategies and tools for building a learning organization [M]. Currency, Doubleday, 1994: 233-356.

101. Rudy L. Ruggles. Knowledge management tools: Resources for the knowledge - based economy knowledge reader series [M]. Oxford: Butterworth Heinemann, 1997: 115.

102. Webber, R. A. Management: Basic elements of managing organzation [M] //The Irwin series in management and the behavioral sciences. California: R. D. Irwin, 1979: 212-215.

103. Dessler, G. Human resource management [M]. Englewood: Prentice Hall, 1994: 112-115.

104. Caruana A, Morris M H, Vella A J. The effect of centralization and formalization on entrepreneurship in export firms [J]. Journal of Small Business Management, 1998, 36 (1): 16-29.

105. Choi B, Poon S K, Davis G J. Effects of knowledge management strategy on organizational performance: A complementarity theory - based approach [J]. Omega the International Journal of Management Science, 2008, 36: 235-251.

106. Sabherwal R, Chan Y E. Alignment between business and IS strategies: A study of prospectors, analyzers, and defenders [J]. Information Systems Research, 2001, 12 (1): 11- 33.

107. Jansen J J P, Van Den, Bosch F A J, Volberda H W. Exploratory innovation, exploitative innovation, and performance: Effects of organizational antecedents and environmental moderators [J]. Management Science, 2006, 52 (11): 1661-1674.

108. Atuahene-Gima K, Murray J Y. Exploratory and exploitative learning in new product development: A social capital perspective on new technology ventures in China [J]. Journal of International Marketing, 2007, 15 (2): 1-29.

109. Lee H, Choi B. Knowledge management enablers, processes, and organizational performance: An integrative view and empirical examination [J]. Journal of Management Information Systems, 2003, 20 (1): 179-228.

110. Wang D, Tsui A S, Zhang Y, Ma L. Employment relationship and firm performance: Evidence from the People's Republic of China [J]. Journal of Organizational Behavior, 2003, 24: 511-535.

111. Bain, J. S. Industrial organization [M]. New York: John Wiley, 1959.

112. Senge, Peter M. The Fifth discipline [M]. Bantam Dell Pub Group, 2006.

113. Jarvenpaa, S. L., Staples, D. S. The use of collaborative electronic media for information sharing: An exploratory study of determinants [J]. Journal of Strategic Information Systems, 2000, 9: 129-154.

114. Stafford Beer. Cybernetics and management [M]. London: English Universities Press, Wiley, 1959.

115. Michael E. Porter. The competitive advantage of nations [M]. New York: The Free Press, 1990.

116. Raymond E. Miles, Charles C. Snow, Hambrick D. C. Organizational strategy, structure, and process [M]. classic edition. Palo Alto: Stanford Business Books, 2003.

117. Robert S. Kaplan, David P. Norton. The balanced scorecard: Measure that drive performance [J]. Harvard Business Review, 1992 (1-2): 71-79.

118. Robert S. Kaplan, David P. Norton. Putting the balanced scorecard to work [J]. Harvard Business Review, 1993 (9-10): 1-17.

119. Robert S. Kaplan, David P. Norton. Using the balanced scorecard as a strategic management system [J]. Harvard Business Review, 1996 (1-2): 150-160.

120. Robert S. Kaplan, David P. Norton. The strategy focused organization: How balanced scorecard companies thrive in the new business environment [M]. Boston: Harvard Business School Publishing Corporation, 2001.

121. Fornell C., Larcker D F. Structural equation models with unobservable variables and measurement error: Algebra and statistics [J]. Journal of Marketing Research, 1981, 18 (3): 382-388.

122. 道格拉斯·C. 諾斯. 制度、制度變遷與經濟績效 [M]. 劉守英, 譯.

上海：上海三聯書店，1994.

123. 王宇，樊新敬，陳曉. 戰略性組織變革與外部環境的適應性研究框架[J]. 經濟導刊，2009（10）：51-52.

124. 張鋼，張燦泉. 基於組織認知的組織變革模型[J]. 情報雜誌，2010，29（5）：6-11.

125. 朱飛. 知識型企業的人力資源戰略框架——以知識管理為核心[J]. 改革與戰略，2009（3）：36-38.

126. 謝康，陳禹，馬家培. 企業信息化的競爭優勢[J]. 經濟研究，1999（9）：24-35.

127. 顧敏. 知識管理與知識領航：新世紀圖書館學門的戰略使命[J]. 圖書情報工作，2001（5）：55-61.

128. 於立華，郭東強. 基於組織學習的博客知識管理模型研究[J]. 科技管理研究，2009（3）：46-53.

129. 邱均平. 知識管理學[M]. 北京：科學技術文獻出版社，2006：331-341.

130. 白楊. 企業知識管理理論研究[D]. 武漢：華中師範大學，2001.

131. 盧啓程. 企業動態能力的形成和演化——基於知識管理視角[J]. 研究與發展管理，2009（2）：70-78.

132. 弗娜·阿利. 知識的進化[M]. 廣州：珠海出版社，1997：135-147.

133. 金薹，孫東川. 基於複雜性理論的第二代知識管理[J]. 科學管理研究，2008（2）：72-75.

134. 張曉東，朱敏. 組織結構對行為的影響及靈動模式研究[J]. 科學學與科學技術管理，2010（2）：57-64.

135. 海因茨·韋里克，哈羅德·孔茨. 管理學：全球化視角[M]. 北京：經濟科學出版社，2005.

136. 奉繼承，趙濤. 知識管理的系統分析與框架模型研究[J]. 研究與發展管理，2005（6）：50-55.

137. 張維迎. 企業的企業家——契約理論[M]. 上海：上海人民出版社，1995.

138. 程德俊，陶向南. 知識的分佈與組織結構的變革[J]. 南開管理評論，2001（3）：28-32.

139. 雷曜. 複雜系統中的人——組織行為初探[J]. 清華大學學報：哲學

社會科學版,2000(5):38-42.

140. 胡斌,夏功成. 集成因果推理和 QSIM 的人群行為定性模擬[J]. 工業工程與管理,2004(3):32-36.

141. 胡斌. 複雜人群系統定性模擬研究[J]. 管理學報,2004(1):75-78.

142. 王志明,胡斌. 複雜系統下群體行為的建模與模擬[J]. 武漢理工大學學報:信息與管理工程版,2005(6):148-152.

143. 張龍學,劉洪. 多智能體組織中個體行為的影響因素研究[J]. 複雜系統與複雜性科學,2004(4):53-61.

144. 斯蒂芬·P. 羅賓斯. 組織行為學[M]. 北京:中國人民大學出版社,2005:165.

145. Scherer, F. M. 產業結構與經濟績效[M]. 蕭雄,譯. 臺北:臺灣國民出版社,1991.

146. 理查德·達夫特. 組織理論與設計[M]. 7 版. 王鳳彬,等,譯. 北京:清華大學出版社,2005.

147. 王廣宇. 知識管理衝擊與改進戰略研究[M]. 北京:清華大學出版社,2004.

148. 樊治平,等. 知識管理研究[M]. 瀋陽:東北大學出版社,2003.

149. 蘇比爾·喬杜里,等. 21 世紀組織的未來之路[M]. 金馬工作室,譯. 北京:清華大學出版社,2004.

150. 張桂平,尹寶生,蔡東風. 知識管理綜述[J]. 瀋陽航空工業學院學報,2008(10):56.

151. 林東清. 知識管理理論與實務[M]. 北京:電子工業出版社,2005.

152. 小艾爾弗雷德·D. 錢德勒. 戰略與結構——美國工商企業成長的若干篇章[M]. 孟昕,譯. 昆明:雲南人民出版社,2002.

153. 張曉東,何攀,朱敏. 知識管理模型述評[J]. 科技進步與對策,2011, 28(7):156-160.

154. 周竺,孫愛英. 知識管理研究綜述[J]. 中南財經政法大學學報,2005(6):27-33.

155. 張潤彤,曹宗媛,朱曉敏. 知識管理概論[M]. 北京:首都經濟貿易大學出版社,2005.

156. 疏禮兵,鄔愛其,賈生華. 知識型企業成長管理研究綜述[J]. 當代經濟管理,2005, 27(4):5-8.

157. 鄧湘琳. 國內外知識管理的研究進展 [J]. 湘潭師範學院學報, 2007 (1): 24-28.

158. 金薹, 孫東川. 基於複雜性理論的第二代知識管理 [J]. 科學管理研究, 2008 (2): 17-21.

159. 張曉東, 何攀. 自主創新——以技術為核心的管理演進與實證分析 [J]. 技術經濟與管理研究, 2009 (1): 26-28.

160. 楊鑫, 金占明. 從個體特徵到企業績效 [J]. 管理學報, 2011 (2): 220-232.

161. 高天鵬. 基於管理熵的組織變革模型研究 [J]. 西南民族大學學報: 人文社會科學版, 2010 (10): 171-174.

162. 時勘, 盧嘉. 管理心理學的現狀與發展趨勢 [J]. 應用心理學, 2001, 7 (2): 52-56.

163. 葉茂林, 劉宇, 王斌. 知識管理理論與運作 [M]. 北京: 社會科學文獻出版社, 2003.

164. 白豔. 基於系統觀的西方企業組織變革模型研究 [J]. 商業時代, 2011 (4): 87-88.

165. 孟範祥, 張文杰, 楊春河. 西方企業組織變革理論綜述 [J]. 北京交通大學學報: 社會科學版, 2008 (4): 89-92.

166. 劉昱, 劉石蘭. 信息技術對企業組織變革影響的研究述評 [J]. 科學學與科學技術管理, 2007 (11): 153-157.

167. 孫曉琳, 王刊良. 信息技術對組織績效影響研究的新視角 [J]. 中國軟科學, 2009 (3): 76-83.

168. 毛惠歆, 龍立榮. 變革型領導與員工對組織變革認同感的關係研究 [J]. 管理學報, 2009, 6 (5): 595-600.

169. 彼得·德魯克. 巨變時代的管理 [M]. 朱雁斌, 譯. 上海: 上海譯文出版社, 2006.

170. 戴汝為. 21 世紀組織管理途徑的探討 [J]. 管理科學學報, 1998, 1 (3): 1-6.

171. 孟範祥, 張文杰, 楊春河. 西方企業組織變革理論綜述 [J]. 北京交通大學學報: 社會科學版, 2008, 7 (2): 89-92.

172. 諾思. 經濟史中的結構與變遷 [M]. 陳鬱, 羅華平, 譯. 上海: 上海三聯書店, 1994.

173. 班國春. 管理: 制定和實施規則的技術 [J]. 管理學報, 2009 (8):

1001-1007.

174. 溫素彬. 績效立方體：基於可持續發展的企業績效評價模式研究 [J]. 管理學報, 2010, 7 (3)：354-358.

175. 杜德斌, 曹紅軍, 王以華. 企業績效研究的理論基礎與研究方法：基於 SMJ 和 AMJ 文獻的分析 [J]. 科學學與科學技術管理, 2010 (2)：152-157.

176. 潘安成. 戰略選擇、組織適應力對企業績效增長影響的實證研究 [J]. 管理科學, 2007 (4)：14-22.

177. 李景平, 劉軍海. 複雜科學的研究對象：非線性複雜系統 [J]. 系統辯證學學報, 2005 (3)：60-65.

178. 王鐵男, 陳濤, 賈榕霞. 組織學習、戰略柔性對企業績效影響的實證研究 [J]. 管理科學學報, 2010 (7)：23-28.

179. 唐小飛, 鐘帥, 鄭杰. 補救時機和人格特質對補救績效影響研究 [J]. 管理世界, 2011 (4)：178-179.

180. 王東武. 知識創新、技術創新與管理創新的協同互動模式研究 [J]. 華中農業大學學報：社會科學版, 2007 (3)：21-28.

181. 鄭準, 王國順. 外部網絡結構、知識獲取與企業國際化績效：基於廣州製造企業的實證研究 [J]. 科學學研究, 2009 (8)：15-21.

182. 邢小強, 仝允桓. 基於企業內部知識網絡的知識活動分析 [J]. 科學學與科學技術管理, 2004 (7)：20-25.

183. 李剛. 面向企業自主創新的知識管理模式研究 [J]. 當代經濟管理, 2009 (10)：45-52.

184. 鄒波, 張慶普, 田金信. 企業知識團隊的生成及知識創新的模型與機制 [J]. 科研管理, 2008 (2)：18-24.

185. 畢克新, 陳大龍, 王莉靜. 製造業企業自主創新與知識管理互動過程研究 [J]. 情報雜誌, 2011 (1)：125-129.

186. 辛楓冬. 論知識創新與制度創新、技術創新、管理創新的協同發展 [J]. 寧夏社會科學, 2009 (3)：36-39.

187. 徐勇, 邱兵. 網絡位置與吸收能力對企業績效的影響研究 [J]. 中山大學管理學報, 2011 (3)：199-208.

188. 於建原, 趙淳宇, 李瑞強. 營銷能力對領導者創新慾望的影響研究 [J]. 科研管理, 2009 (4)：18-28.

189. 宋迪, 武忠. 知識創新管理模型及其對知識創新的推動作用 [J]. 情

報雜誌, 2009 (10): 22-27.

190. 羅珉, 夏文俊. 網絡組織下企業經濟租金綜合範式觀 [J]. 中國工業經濟, 2011 (1): 89-98.

191. 朱秀梅, 張妍, 陳雪瑩. 組織學習與新企業競爭優勢關係——以知識管理為路徑的實證研究 [J]. 科學學研究, 2011 (5): 745-755.

192. 秦令華, 殷瑾, 井潤田. 企業內部知識轉移中個體中心度、吸收能力對績效的影響 [J]. 管理工程學報, 2010 (1): 18-23.

193. 汪惠, 陳建斌, 李玉霞. 企業IT績效與組織結構維度關係的實證研究 [J]. 管理評論, 2011 (3): 47-53.

194. 高瞻. 珠三角製造企業模塊化生產、戰略柔性與績效關係的研究 [J]. 中國管理信息化, 2011 (2): 33-36.

195. 溫洪濤, 任傳鵬. 企業績效評價指標的無量綱化方法改進 [J]. 經濟問題, 2011 (6): 61-65.

196. 薛紅志. 創業團隊、正式結構與新企業績效 [J]. 管理科學, 2011 (1): 1-10.

197. 楊偉, 劉益, 沈灝, 王龍偉. 管理創新與營銷創新對企業績效的實證研究——基於新創企業和成熟企業的分類樣本 [J]. 科學學與科學技術管理, 2011 (3): 67-73.

198. 鄭麗娜. 企業技術創新活動中的知識管理研究 [D]. 大連: 大連理工大學, 2009.

199. 劉濤, 朱敏. 動態性環境中企業連鎖董事與績效關係的實證研究 [J]. 軟科學, 2009 (6): 93-97.

200. 卿濤, 叢慶, 羅鍵. 企業知識員工工作生活質量結構及測度研究 [J]. 南開管理評論, 2010 (1): 146-154.

201. Tidd, J., Bessant, J., Pavit t, K. 管理創新——技術變革, 市場變革和組織變革的整合 [M]. 3版. 北京: 清華大學出版社, 2008.

202. 理查德·L. 達夫特. 組織理論與設計精要 [M]. 李維安, 等, 譯. 北京: 機械工業出版社, 1999: 145-153.

203. 李永鑫, 趙劍. 進化: 組織行為學研究的新視角 [J]. 華東師範大學學報: 教育科學版, 2009 (1): 56-62.

204. 楊家駹. 組織行為面臨的挑戰及組織行為研究趨勢 [J]. 上海大學學報: 社會科學版, 2010 (4): 95-102.

205. 晏鷹, 宋妍. 制度經濟學視野中的個體行為驅動 [J]. 社會科學輯

刊，2010（1）：70-72.

206. 邁克爾·波特. 競爭戰略［M］. 陳小悅，譯. 北京：華夏出版社，2005：280-283.

207. 邁克爾·哈默，沈志彥，孫康琦. 超越再造［M］. 楚卿子，譯. 上海：上海譯文出版社，1997：76-93.

208. 劉海建，周小虎，龍靜. 組織結構慣性、戰略變革與企業績效的關係：基於動態演化視角的實證研究［J］. 管理評論，2009（11）：92-100.

209. 李憶，司有和. 知識管理戰略、組織能力與績效的關係實證研究［J］. 南開管理評論，2009（6）：69-76.

210. 楊水利，李韜奮，黨興華，單欣. 組織學習動態能力與企業績效之間關係的實證研究［J］. 運籌與管理，2009（2）：155-161.

211. 王鐵男，陳濤，賈榕霞. 戰略柔性對企業績效影響的實證研究［J］. 管理學報，2011，8（3）：388-395.

212. 戴布拉·艾米頓. 知識經濟的創新戰略——智慧的覺醒［M］. 金周英，侯世昌，等，譯. 北京：新華出版社，1998.

213. 達文波特. 營運知識：工商企業的知識管理［M］. 王者，譯. 南昌：江西教育出版社，1999.

214. 陳國權. 學習型組織整體系統的構成及其組織系統與學習能力系統之間的關係［J］. 管理學報，2008，5（6）：832-837.

215. 林東清. 知識管理理論與實務［M］. 北京：電子工業出版社，2005.

216. 亨利·法約爾. 工業管理與一般管理［M］. 遲力耕，張璇，譯. 北京：機械工業出版社，2007.

附　錄

問卷編號_____

調 查 人_____

組織結構對個體行為與企業績效的影響研究調查問卷

尊敬的女士/先生：

您好！非常感謝您在百忙中填寫這份問卷。為深入瞭解和研究組織結構對個體行為與企業績效的影響，為管理學博士論文提供材料，現對您的相關狀況進行調查。

我們鄭重承諾：本問卷的信息僅供理論研究使用，絕不向任何個人或組織以任何形式披露，絕對保護您的個人隱私和商業秘密。懇請您大力支持，認真填寫調查問卷。

再次感謝您的參與和支持！

請在相應的答案上打「√」，或者在橫線處填寫內容。

您的性別：　　　A. 男　　　　B. 女

您的年齡：　　　A. 18~30 歲　B. 31~40 歲　C. 41~50 歲　D. 50 歲以上

您所在單位性質：A. 國有獨資企業　　B. 國有參控股企業
　　　　　　　　C. 外方獨資企業　D. 合資企業　E. 民營企業

您的學歷：A. 初中及以下　B. 職高及高中　C. 大專
　　　　　D. 本科（包括雙學位）　E. 碩士及以上

您所在的部門：A. 生產　　B. 人事　　C. 市場/營銷　　D. 研發
　　　　　　　E. 技術/售后　F. 財務　G. 其他

您的職位類別：A. 高層經營管理者　B. 中層經營管理者　C. 基層員工

您參加工作的年限：A. 3 年以下　B. 3~10 年　C. 10~17 年　D. 17 年以上

您所在單位所屬行業：_____

您所在單位從業人員總數：_____人

您所在單位資產總額：_____萬元

您所在單位年銷售額：_____萬元

第一部分：規則密度（請在相應的空格處打「√」）

	非常不符合	不符合	一般（不確定）	符合	非常符合
G1. 我們公司制定了周密嚴謹、標準規範的工作流程與規章制度並嚴格按照制定的文件和章程來解決問題。					
G2. 我們公司的工作流程與規章制度很長時間都沒有變化。					
G3. 我們公司組織結構複雜，等級層次繁多。					
G4. 我們公司大多數情況採用正式溝通的方式來交流信息。					
G5. 我們公司部門間分工明確，但協調效率低。					
G6. 我們公司沒有給員工足夠的工作授權。					

第二部分：知識能力（請在相應的空格處打「✓」）

Z1. 公司經常和合作企業、科研院所協作，注重從客戶和競爭對手那裡收集信息。	非常不符合	不符合	一般（不確定）	符合	非常符合
Z2. 公司對於將其發展重要的知識加以整理、分類和提煉並傳授給員工。	非常不符合	不符合	一般（不確定）	符合	非常符合
Z3. 公司會積極推行有用的知識，並配備足夠的資源。	非常不符合	不符合	一般（不確定）	符合	非常符合
Z4. 公司對於知識貢獻有相應獎勵並納入考核體系。	非常不符合	不符合	一般（不確定）	符合	非常符合
Z5. 公司能夠及時把這些知識融入生產和經營活動中。	非常不符合	不符合	一般（不確定）	符合	非常符合
Z6. 公司通過對這些知識的應用獲得了巨大的收益。	非常不符合	不符合	一般（不確定）	符合	非常符合
Z7. 公司有良好環境支持員工作業與知識交流：比如信息系統、會談室、咖啡間等。	非常不符合	不符合	一般（不確定）	符合	非常符合

第三部分：價值因行為（請在相應的空格處打「✓」）

	非常不符合	不符合	一般（不確定）	符合	非常符合
J1. 我現有的知識與經驗能很好地完成工作。					
J2. 我與同事們經常互相交流、學習、支持。					
J3. 我會積極思考工作中存在的問題，提出更好的方案，便捷地把新方式引入工作中。					
J4. 我工作很有成就感，工作中非常盡責。					
J5. 我對我們單位的創新戰略規劃的制定過程都積極參與。					

第四部分：程式因行為（請在相應的空格處打「✓」）

	非常不符合	不符合	一般（不確定）	符合	非常符合
C1. 我只是很好地按規則辦事，完成分內事務。					
C2. 我有更好的工作方案，但是沒有引入工作。					

	非常不符合	不符合	一般（不確定）	符合	非常符合
C1. 我只是很好地按規則辦事，完成分內事務。					
C3. 我的同事各自有獨特的知識與經驗，但是相互保密。					
C4. 單位員工經常私下抱怨相關規章制度，但是不會向有關領導提出意見。					
C5. 單位員工對其他人的事情不太關心，不瞭解企業的決策過程與目的。					

第五部分：偏好因行為（請在相應的空格處打「√」）

	非常不符合	不符合	一般（不確定）	符合	非常符合
P1. 我喜歡與同事多交流，我們公司內部可以無束縛的交流。					
P2. 我對單位舉辦的培訓很有興趣，培訓非常有用。					
P3. 我喜歡提出意見與新的方案，主動幫助同事與顧客。					
P4. 我很享受目前的工作，我很喜歡單位的企業文化。					

第六部分：變革因行為（請在相應的空格處打「∨」）

B1. 公司鼓勵員工討論工作方法的優點與不足，評價規章制度，並尋求更好的方法和指導。	非常不符合	不符合	一般（不確定）	符合	非常符合

B2. 決策有明確負責人來接受、解答員工的質疑並修正。	非常不符合	不符合	一般（不確定）	符合	非常符合

B3. 員工積極提出改進工作和發展公司的建議，建議經常得到採納並獲得相應獎勵。	非常不符合	不符合	一般（不確定）	符合	非常符合

B4. 公司領導積極參與知識管理活動，在知識獲取、分享、利用、創新方面起到模範作用。	非常不符合	不符合	一般（不確定）	符合	非常符合

B5. 顧客價值創造是企業決策的核心目標。	非常不符合	不符合	一般（不確定）	符合	非常符合

B6. 公司讚賞團隊精神，尊重他人的觀點與價值。	非常不符合	不符合	一般（不確定）	符合	非常符合

B7. 公司能夠在一定程度上容忍員工應用新知識而產生的錯誤。	非常不符合	不符合	一般（不確定）	符合	非常符合

第七部分：企業績效（請在相應的空格處打「✓」）

	非常不符合	不符合	一般（不確定）	符合	非常符合
Q1. 我們公司新開發的產品數量與同行業其他單位相比很多。					
Q2. 我們公司的研發資金與同行業其他單位相比很多，項目成功率很高。					
Q3. 我們公司利潤與同行業其他單位相比很高。					
Q4. 我的收入與同行業其他單位員工相比很高。					
Q5. 我們公司經常改進、優化流程，流程較合理，工作效率高。					
Q6. 我的能力提升很快。					
Q7. 客戶很滿意我們的產品。					

國家圖書館出版品預行編目(CIP)資料

組織結構、個體行為與企業績效：靈動管理模式構建 / 張曉東著.
-- 第一版. -- 臺北市：崧博出版：財經錢線文化發行, 2018.10

面 ； 公分

ISBN 978-957-735-628-4(平裝)

1.企業管理

494.1　　　　107017406

書　名：組織結構、個體行為與企業績效：靈動管理模式構建
作　者：張曉東 著
發行人：黃振庭
出版者：崧博出版事業有限公司
發行者：財經錢線文化事業有限公司
E-mail：sonbookservice@gmail.com
粉絲頁　　　　　網　址：
地　址：台北市中正區延平南路六十一號五樓一室
8F.-815, No.61, Sec. 1, Chongqing S. Rd., Zhongzheng
Dist., Taipei City 100, Taiwan (R.O.C.)
電　話：(02)2370-3310　傳　真：(02) 2370-3210
總經銷：紅螞蟻圖書有限公司
地　址：台北市內湖區舊宗路二段 121 巷 19 號
電　話：02-2795-3656　傳真：02-2795-4100　網址：
印　刷：京峯彩色印刷有限公司（京峰數位）

　　本書版權為西南財經大學出版社所有授權崧博出版事業有限公司獨家發行電子書及繁體書繁體版。若有其他相關權利及授權需求請與本公司聯繫。

定價：350元

發行日期：2018 年 10 月第一版

◎ 本書以POD印製發行